rowohlt
POLARIS

Dr. med. Sheila de Liz

Light my Fire

Für den Sex
deines Lebens

Mit Illustrationen von
Dani Becker

Rowohlt Polaris

1. Auflage

Originalausgabe
Veröffentlicht im Rowohlt Taschenbuch Verlag,
Kirchenallee 19, 20099 Hamburg, Mai 2026

Illustrationen Dani Becker Design & Illustration
Zitat Seite 19 aus «Dancing in the Dark»
von Bruce Springsteen
Zitat Seite 91 aus «Total Eclipse of the Heart»
von Bonnie Tyler, Text von James Richard Steinman
Zitat Seite 171 aus «I Want to Know What Love Is»
von Foreigner, Text von Mick Jones
Zitat Seite 246 aus «Islands in the Stream»
von Kenny Rogers und Dolly Parton, Text von Kenny Rogers

Covergestaltung Hauptmann & Kompanie
Werbeagentur, Zürich
Coverabbildung Gaby Gerster/Feinkorn
Satz aus der Scala Pro
bei Dörlemann Satz, Lemförde
Druck und Bindung GGP Media GmbH, Pößneck
ISBN 978-3-499-01835-0

Kontaktadresse nach EU-Produktsicherheitsverordnung:
produktsicherheit@rowohlt.de

FSC
www.fsc.org
MIX
Papier | Fördert
gute Waldnutzung
FSC® C014496

Harry: «Ich sage nicht, dass es [Sex] nichts zu bedeuten hat, ich frage mich nur, warum muss es alles bedeuten?»
Sally: «Weil es nun mal so ist.»

Aus *Harry und Sally*, 1989

Inhalt

Vorwort

Liebe Leserin,

ich habe mich auf die Suche begeben. Die Suche nach Wahrheiten und die Suche nach Antworten. Nicht nur, weil ich Gynäkologin bin, sondern auch als Mensch und als bekennende Frauen-Freundin wollte ich die Architektur der weiblichen Sexualität ergründen, den sinnbildlichen Bewegungsapparat unserer sexuellen Psyche verstehen und die Mysterien des Sex begreifen. Herausgekommen ist das Buch, das du in den Händen hältst. In diesem Werk habe ich alles gebündelt, was Medizin und Wissenschaft derzeit über Sex wissen, und noch ein bisschen mehr. Es war mir ein Anliegen und ein Bedürfnis, diese Aufgabe so zu erledigen, dass dieses Buch die Art, wie du über Sex im Midlife denkst und fühlst, für immer zum Positiven verändert. Ich hoffe, das ist mir gelungen, denn ich muss dir etwas sehr Wichtiges sagen: Wir sind die längste Zeit angelogen worden, du und ich. Wir alle sind angelogen worden. Wir sind angelogen worden über Sex, über die Wechseljahre und auch über die Wahrheit unseres Sexlebens nach 45. Ja, wirklich.

Was haben wir nicht schon alles gehört: Nachlassende Lust sei bei uns Frauen normal – bei unserem vollgepackten, stressigen Alltag müsse es ja unweigerlich irgendwann so kommen. Und warum würden wir in unserem Alter überhaupt noch Sex wollen? Diese und ähnliche Aussagen haben auch meine Patientinnen und Followerinnen auf Social Media immer wieder von Ärzten und Ärztinnen und ihrer Umgebung gehört, obwohl sie sich alles andere als alt fühlen.

Diese Diskrepanz zeigt sich noch stärker jenseits der 50: Frauen werden entmutigt, ihr Intimleben zu verbessern, und ab 60 werden sie bei Sorgen um ihr Liebesleben medizinisch nur noch belächelt und marginalisiert. Dabei ist unsere sexuelle Gesundheit immer noch Gesundheit, und daher sollten wir sie genauso ernst nehmen wie die physische oder die mentale Gesundheit – sie alle greifen ineinander. Dagegen musste ich etwas unternehmen, denn die Wahrheit ist, dass unser Sexleben mit über 45 nicht nur so gut sein kann wie vorher, sondern deutlich besser. Aber ich greife voraus.

Denn zunächst einmal muss ich dir noch was erzählen: Das Wissen in diesem Buch ist nicht exklusiv für Frauen im Midlife. Alle Informationen darin sind ebenso relevant für Frauen, die deutlich älter oder jünger sind und wissen wollen, was noch kommen kann in ihrem Sexleben. Es ist sogar – oder gerade – für junge Menschen interessant, die ihr Wissen über Sex aus den sozialen Medien haben oder nur in der Schule «Sexualaufklärung» erhalten haben. Wir wissen alle, dass das meistens nur schlichte Reproduktionsbiologie ist, mehr nicht. Kein Wunder, dass alle so viele Fragen und Unsicherheiten haben. Wir ahnen tief in uns, dass es mehr geben muss. Unser Körper und unser Herz sehnen sich nach menschlichen, sexuellen Begegnungen, durch die wir uns lebendig fühlen.

Und das ist noch nicht alles: Die Wahrheiten, die du auf den nächsten Seiten finden wirst, haben universellen Charakter und gelten für alle Menschen. Alle haben zum Beispiel einen Phallus: Männer haben einen Penis, Frauen haben eine Klitoris, intersexuelle und transsexuelle Menschen haben eins von beidem bzw. eine Variante davon. Alle Menschen haben und brauchen Testosteron als zentrales Hormon für ihren Körper. Das ist keine Erfindung von mir oder gar etwas Politisches (Gott bewahre), sondern ein biologischer Grundsatz des Menschseins, über den seltsamerweise niemand spricht.

Die sexuelle Aufklärung von Erwachsenen ist eben nach wie vor schlecht; alle Welt redet scheinbar über Sex, nur spricht niemand die Fakten vollständig aus, und noch dazu versteht jeder nur die Hälfte. Die Qualität unserer Kommunikation ist mangelhaft, unsere Aussagen sind unvollständig. Die Sexualwissenschaftler:innen sprechen ihre eigene Sprache, die Gynäkolog:innen eine andere, die Medien rufen dauernd etwas Unqualifiziertes dazwischen, und am Ende ist alles *lost in translation*.

Unsere Sexualität ist eben nicht nur reine Biologie, sie basiert auch nicht nur auf psychologischen Theorien von Sexualwissenschaftler:innen wie Alfred C. Kinsey oder William Howell Masters und Virginia Johnson. Wer sich aufmacht, Sex zu erklären, ohne das gesamte Spektrum miteinzubeziehen, wird Menschen nicht nachhaltig erreichen oder ihr Leben verbessern. Und damit kommen wir zum Kern des Problems. Während meiner Recherchen ist mir eins immer wieder aufgefallen: Die Fachrichtungen reden nicht miteinander. Daher war es mir ein Anliegen, in diesem Buch die drei wichtigsten Komponenten der sexuellen Gesundheit und des sexuellen Menschseins miteinander zu verbinden, damit du ein vollständiges Bild erhältst. Diese Dreifaltigkeit besteht aus der biologischen, der medizinischen sowie der seelischen Komponente der Sexualität. Diese habe ich für dich logisch aufbauend strukturiert: die Basics unten, das fortgeschrittene Wissen in der Mitte und der wichtige seelische, ätherische Anteil, der so schwer einzufangen ist, on top. Da das Ganze eine «V»-Form hat, darf ich vorstellen: *The Perfect V.*

Ganz unten an der Basis sehen wir das Wissen um die Anatomie, die Theorien um sexuelle Reaktionen und Abläufe sowie die Biochemie der sexuellen Entwicklung. Das ist das Fundament, das du brauchst, um sattelfest in der anatomischen und sexuellen Biomechanik zu sein. Im ersten Teil des Buches beginnen wir daher mit der noch weitestgehend unverstandenen weiblichen Anatomie und mit der sexuellen Lustentwicklung und erforschen dann die Alchemie der Libido mit den wichtigsten Hormonen, die für Sex zuständig sind.

Darauf aufbauend befassen wir uns im mittleren Teil mit der Gesundheit der sexuellen Organe. Wir lernen, wie man ganz konkret anhand von Blutwerten eine hormonell bedingte Libidostörung diagnostizieren und was man dagegen tun kann. Außerdem erfährst du alles, was du medizinisch wissen musst, um Schmerzen beim Sex endgültig loszuwerden, und wie man sensibel, aber effektiv mit sexuellen Problemen beim Partner umgehen kann. Die «Wechseljahre des Mannes» dürfen hier natürlich auch nicht fehlen.

Es geht mir aber in diesem Buch nicht nur darum, aus einem nicht existenten Sexleben ein halbwegs funktionierendes zu machen. Auch die reine Problembehebung, die aus schlechtem Sex tolerablen macht, ist mir zu wenig. Im Grunde wollen wir doch alle den für uns bestmöglichen Sex erleben, aber viele herkömmliche Methoden haben bisher versagt, meist, weil nur ein Teilaspekt behandelt wird. Sogar in der Sexualtherapie hat man gesehen, dass, wenn lediglich punktuell Probleme gelöst werden – wie Orgasmusschwierigkeiten oder eine schwache Libido –, diese irgendwann durch neue ersetzt werden. Aus diesem Grund haben theoretisch ausbehandelte Menschen oft nachweislich nicht mehr Sex als vorher. Dabei ist ein derartiges Symptom oft ein Hilferuf unserer sexuellen Seele, der stille Passagier der Sexualität, der in jedem von uns mitreist. Die sexuelle Seele will erst mal gesehen und verstanden werden – wir werden sie im dritten Teil näher kennenlernen.

Obwohl viele Frauen jenseits der 50 deutlich besseren Sex erleben als je zuvor, ist mir in Gesprächen mit vielen meiner Patientinnen in den letzten 25 Jahren immer wieder begegnet, dass Sex in Langzeitbeziehungen zwar stattfindet, aber eher routiniert und kein inspirierender Akt (mehr) ist, auf den man sich freut. Niemand vermisst natürlich blasse sexuelle Erlebnisse, bei denen das Wort Vanilla fast durch «geschmacksneutral» ersetzt werden kann. Die Entscheidung gegen solchen Sex finde ich nicht unnormal oder verklemmt, sondern verständlich.

Daher geht es im dritten Teil auch um die Evolution unserer eigenen sexuellen Beziehung. Wir erforschen und lernen von den Besten, was man tun kann und was die wichtigsten Zutaten sind, damit Sex nicht nur gut ist, uns nicht nur guttut, sondern auch repariert und heilt. *Good sex can do that.*

Wenn jemand sexuell gesund ist und sich geerdet fühlt, strahlt er oder sie das in allen anderen Lebensbereichen aus. Das spürt man unbewusst im Umgang miteinander: Sex spielt im Subtext mit, wird im Mittelhirn registriert, wie Feinpartikel in der Atemluft nimmt man es auf, kaum wahrnehmbar und doch spürbar. Umgekehrt spüren wir ebenfalls, wenn eine sexuelle Seele sich aus diversen Gründen zurückzieht; das liegt aber nicht in der Natur der sexuellen Seele, die nicht aufgibt und auch nicht altert, denn sie möchte eigentlich wieder mitspielen. Es ist wichtig, sie zu reaktivieren, denn guter Sex ist Nährstoff für die Liebe, und Liebe ist gleichzeitig der fruchtbare Boden für Sex. Besser ist es, dieses Ökosystem aufrechtzuerhalten. Denn wenn es gestört wird, sorgen wir uns, und zu Recht – schließlich sind es doch unsere Beziehungen zueinander, die uns gesund und glücklich halten können. Ohne eine sexuelle Kommunikation ist bei vielen Menschen ein Teil der Beziehung auf stumm gestellt.

Jeder aber, der guten Sex mit einem starren Rezept oder einer pauschalen Lösung für alle garantiert, muss scheitern, denn dazu ist jede sexuelle Geschichte zu einzigartig und die Beziehung zwischen zwei Menschen zu sehr in Bewegung. Mir geht es um etwas viel Effektiveres: dir allein die Zutaten für großartigen Sex zu geben, damit du selbst dein Rezept und das für dich richtige Mischverhältnis zusammenstellen und je nach Bedarf immer wieder anpassen kannst. Nur so können wir unserer sexuellen Seele dauerhaft gerecht werden und vollkommen als Mensch in uns selbst ankommen.

Ich habe irgendwo mal gelesen: Nur weil du älter wirst, musst du nicht aufhören, Sex zu haben – aber wenn du aufhörst, Sex zu haben, beginnst du zu altern. Sex sollte man haben können, solange man will, und nicht aufhören müssen, nur weil unser Körper uns Steine in den Weg legt oder weil Ärzt:innen uns an unser Alter erinnern. Was für ein Glück, dass sexuelle Erfüllung im Alter nicht nur machbar ist, sondern deutlich häufiger existiert, als gemeinhin angenommen. Freue dich darauf! Wir kriegen das hin – denn guter Sex ist Vitalität. Grandioser Sex fühlt sich unendlich an, zeitlos, und das ist das Gegenteil von Verfall und Siechtum.

Und nun – lasst uns beginnen.

Deine

PS: Wir wollen uns duzen, oder? Ich bin die Sheila. Es freut mich, dass du dabei bist.

Teil 1:

You Can't Start a Fire Without a Spark

«You can't start a fire,
You can't start a fire without a spark.»

BRUCE SPRINGSTEEN

Anatomie
Physiologie
Sextheorie

1.

Move Like Jagger – Warum sollten wir überhaupt Sex im Alter haben?

Als ich eines Herbstes geschäftlich in Berlin war, erlaubte ich mir den Luxus, abends eine Saunalandschaft zu besuchen. Die Woche war lang gewesen, und ich freute mich auf einige erholsame Stunden allein. Nach drei Saunagängen lag ich in einem fast leeren Ruheraum, in meinen Hotel-Bademantel eingekuschelt auf einer sehr gemütlichen Liege bei gedämpftem Licht. Es war schon etwas später am Abend und draußen dunkel, die Saunalandschaft war bereits etwas leer, da einige bereits den Heimweg angetreten hatten.

Die Liegen im Ruheraum waren auf den beheizten Außenpool gerichtet, der in der Dunkelheit hell leuchtete und wegen der kühlen Außentemperaturen etwas mystisch dampfte. Ein Mann schwamm langsam in die Mitte des Pools und hielt vor dem Ruheraum inne. Er war so um die 50, schätzte ich, mit dunklem, lockigem Haar und einem kurzen Bart, der bereits weiße Tupfen hatte. Glücklich sah er aus. Ich dachte erst, er sähe jemanden an, der auch im Ruheraum ist, bis ich verstand, dass er einfach zufrieden vor sich hin lächelte, verträumt und gelöst, sicherlich nach einigen entspannenden Stunden in der Sauna. Seine Partnerin, eine dunkelhaarige Frau mit einer weißen Blocksträhne im Haar, ähnliches Alter, schätzte ich, war die einzig andere Person im Pool. Sie schwamm im leuchtenden, dampfenden Wasser langsam auf ihn zu und pflanzte ihm gedankenverloren einen Kuss auf die Schläfe. Draußen fing es an zu nieseln. Er lehnte sich zurück, um den Nieselregen auf seinem Gesicht zu spüren. Sie umarmte ihn von hinten. Beide sprachen kein Wort.

Nicht oft hat man die Möglichkeit, so viel Innigkeit unbemerkt zu beobachten. Mein Autorinnen- und Wissenschaftlerhirn fing an, die Geschichte weiterzuschreiben. Hatte dieses Paar Sex? Mein Gefühl sagte mir: ja. Würden sie heute Abend noch Sex haben? Vielleicht. Vielleicht würden sie stattdessen aber auch erschöpft zusammen einschlafen, ohne viele Worte, mit der Gewissheit, in dem anderen ein Zuhause gefunden zu haben. Ich wünschte ihnen guten Sex und dass sie Sex haben würden, so lange sie wollten, selbst wenn sie beide 99 Jahre alt wären. Ich wünschte ihnen außerdem, dass, wenn gesundheitliche Probleme entstehen würden, gleich wie klein, sich von medizinischer Seite aus immer bemüht würde, das sexuelle Erleben dieses Paares zu erhalten, gerade weil es ein wichtiger Teil ihrer Beziehung ist. Die Vorstellung, als behandelnde Person diesen Teil des Lebens bei der Bewältigung von Krankheiten von vornherein auszuklammern, erscheint mir nicht nur respektlos diesen Menschen gegenüber, sondern auch medizinisch schlampig. Ein Kunstfehler fast. Genauso wie es uns Ärzt:innen wichtig ist, die Arbeitsfähigkeit zu erhalten, sollte es ebenfalls einen hohen Stellenwert haben, den Menschen ihr Sexleben weiterhin zu ermöglichen, und zwar bis sie 99 sind, wenn es gewünscht und möglich ist.

Überhaupt: Wenn sie weiter Sex hätten, hätten sie auch deutlich bessere Chancen, 99 Jahre alt zu werden.[1] Wir wissen schon lange, dass sexuelle Aktivität gut für das Herz-Kreislauf-System ist[2] und auch für das Immunsystem und das Nervenkostüm insgesamt. Die Wahrscheinlichkeit für Männer, an einem Herzinfarkt zu sterben, war bei einer Studie um 50 Prozent niedriger, wenn sie mehr als 100 Orgasmen im Jahr hatten.[3]

Viele Studien haben einen Zusammenhang zwischen Lebensqualität und sexueller Aktivität im Alter gezeigt.[4] Andere wiederum zeigen deutlich bessere Hirnleistungen und weniger Demenz bei älteren Menschen, die sexuell aktiv sind.[5] Eine faszinierende, große Studie in England zeigte auf, dass ältere Menschen, die sexuell aktiv waren, weniger Entzündungszeichen im Blut hatten. Ihre weißen Blutkörperchen, der CRP-Wert und das sogenannte Fibrinogen, seines Zeichens der Entzündungswert par excellence, waren niedriger als bei Menschen, die unregelmäßig oder nie Sex hatten.[6] Entzündungszeichen heißen in diesem Zusammenhang nicht zwingend, dass ein bakterieller oder viraler Infekt im Körper ist, sondern viel eher, dass krank machende Substanzen im Körper die Gegend unsicher machen und lebensverändernde Krankheiten pushen, wie Alzheimer, Bluthochdruck, Schlaganfälle, rheumatische Arthritis und viele Krebserkrankungen.[7]

Anstatt also wie bisher Sex als ein menschliches, aber eigentlich verzichtbares Grundbedürfnis anzusehen, das nicht zwingend zum Überleben gebraucht wird wie Essen oder Trinken, lasst uns schleunigst Platz in unseren Köpfen machen für einen neuen, zeitgemäßeren Gedanken, nämlich, dass Sex ein Biomarker für die Gesundheit ist. Wer gesund und belastbar ist, keine Schmerzen, Infektionen, Depressionen oder Erschöpfung hat, hat vermutlich auch ein Interesse an sexueller Aktivität, zumindest hin und wieder, zumindest mit sich selbst.

Sex ist ein Biomarker für Gesundheit.

Es gibt noch einen weiteren legitimen Grund, die Sexualität von Menschen in der zweiten Lebenshälfte zu erhalten: Die Gesundheit von Männern steht auf dem Spiel. Wenn man alle verfügbaren Daten durchleuchtet, wird klar, dass die Gesundheitsdaten von Männern über 50, die allein durchs Leben gehen, grottenschlecht sind im Vergleich zu Männern in einer Beziehung. Sie sind einsamer, sind eher Raucher, neigen eher zu Bluthochdruck und sterben früher als Männer, die in Beziehungen leben.[8] Geschiedene Männer haben ein fast 50 Prozent höheres Risiko, an Krebs zu sterben.[9] Allein aus sozioökonomischer Sicht müsste es also ein Interesse geben, Menschen in Partnerschaften zu halten. Das geht besser, wenn sie miteinander sexuell aktiv sind, und das idealerweise oft und gerne.

Es gab in der Vergangenheit sicherlich gesellschaftliche oder kulturelle Gründe, anzunehmen, dass ältere Menschen postsexuell sein müssen: Die Reproduktionsphase ist schließlich abgeschlossen, aus den Eltern sind Großeltern geworden. Vielleicht gehört sich das nicht mehr in den Augen mancher. Der Begriff aus den Siebzigern oder den Achtzigern «Dirty Old Man» drängt sich mir auf oder in Deutschland der Spruch «Je oller, je doller» – als könnte man nur pervers oder durchgeknallt sein, wenn man im Alter noch Sex haben will.

Wenn wir uns aber umschauen, sehen wir, dass sich das sexuelle Selbstverständnis vieler Menschen im Umbruch befindet; gerade Menschen der sogenannten Generation X, die heute in ihren 50ern sind, fühlen sich jünger und sind oft nicht so mit gesundheitlichen Themen belastet, wie es ihre Eltern in dem Alter waren. Früher hatten viele Menschen bereits mit 60 die dritten Zähne und brauchten Corega Tabs. Es gab Kleidungsgeschäfte mit braunen und grauen Klamotten für die Postmenopausen-Crowd (die gibt es, glaube ich, immer noch, sind aber meiner Einschätzung nach eher auf dem absteigenden Ast). Heute gehen viele Fifty-Somethings zum Zahnbleaching und kaufen sich High-Waist-Jeans bei H&M, und kein Mensch findet das absonderlich.

Viele von uns spüren aber eine Diskrepanz zwischen dem,

wie wir uns fühlen, und dem, wie die Außenwelt uns sieht (zum Beispiel, wenn man Teenies zu Hause hat, die ernsthaft glauben, dass man irgendwie mit Mitte 30 aufgehört hat, Sex zu haben). Nirgends aber fühlt man sich sexuell so ungesehen, wie wenn man vor einem Arzt sitzt, den man wegen eines Problems im Schlafzimmer aufgesucht hat, und dieser die Augenbrauen hochzieht und fragt, warum man denn in aller Welt im Alter von 51 noch Sex haben wolle.

Ich verspreche, das wird dir bei mir nicht passieren, meine Liebe. Wir machen das besser, wir zwei. Ich werde dir in diesem Buch Geschichten von Patientinnen und Pärchen erzählen, die ich in mehr als 20 Jahren gynäkologischer Praxis begleiten durfte. Ich werde dir Carla, Anna, Ingrid, Lori und Leni sowie Sandra und Marcello vorstellen. Du wirst dich vielleicht in einigen Elementen von ihnen wiederfinden, denn diese Menschen gab es so nie wirklich; vielmehr sind sie Konglomerate aus diversen Erlebnissen und Erzählungen. Damit kann ich einerseits die Identitäten meiner Patientinnen schützen, andererseits kommen viele Probleme so gehäuft vor, dass es sich lohnt, die «üblichen Verdächtigen» sowie deren Lösungen zu kennen. Die Menschen in meiner Praxis haben viel erlebt in ihrer Sexualität, und da Sex immer etwas Persönliches ist, wollte ich dir die medizinischen Facts nicht einfach so beibringen, sondern in Zusammenhang mit unseren befreundeten Pärchen, die du auf den nächsten Seiten kennenlernen wirst und die uns durch das Buch begleiten werden.

2.

Deine sexuelle Software – Die natürliche Intelligenz der Sexualität

Anna, 45 Jahre, Lehrerin, kam in mein Behandlungszimmer, stellte ihre Handtasche sorgfältig neben den Sessel und nahm Platz. Sie wäre zur Routine-Vorsorge da, sagte sie, und hätte nichts Besonderes zu berichten. Sie war etwas blass und wirkte müde.

«Wie geht es dir denn sonst? Alles gut, sind die Kinder fit?», fragte ich.

Anna war schon sehr lange eine gute Bekannte, eigentlich kennen wir uns seit dem Studium. Sie studierte auf Lehramt, ich Medizin, und der einzige Verbindungspunkt, den wir damals hatten, war, dass sie den Mitbewohner meines Kumpels Dominique datete. Er hieß Antonio, kam aus Brasilien und absolvierte ein Auslandssemester bei uns an der Uni. Die Beziehung hielt nicht lange, so wie ich es mitbekommen habe, was mich damals nicht weiter verwunderte: Anna stammt aus einem eher konservativen deutschen Zuhause, Antonio dagegen war typisch südamerikanisch. Sie faszinierte das Abenteuer, glaube ich, und er schätzte ihre sanfte, bodenständige Art. Laut Dominique übernachtete sie oft bei Antonio, die Wände in der WG waren dünn, und sie schienen sehr glücklich zu sein. Dann musste er zurück nach Brasilien, sie schrieben sich noch eine Weile und telefonierten, aber vor dem Internet waren Langzeitbeziehungen eine echte Herausforderung, und letzten Endes schlief das Ganze ein.

Anna lernte kurz darauf Rainer kennen, ebenfalls Lehramtsstudent, den sie später heiratete und mit dem sie zwei Kinder hat, die heute 9 und 14 sind.

«Ich bin eigentlich nur kaputt, ständig müde und fühle mich ausgelaugt. Den ganzen Tag will jemand was von mir. Rainer geht an den Wochenenden Rennrad fahren, und ich muss mich um Kinder und Haushalt kümmern.»

«Anna, das ist kein Wunder, das geht vielen so. Obwohl man versucht, sich die Aufgaben zu teilen – am Ende wollen alle Mama, und alle verlassen sich auf dich.»

Ich blickte in ihre Akte.

«Ich sehe, du hast lange kein Rezept mehr für die Pille abgeholt. Hast du sie abgesetzt? Ich habe meine mit Mitte 40 abgesetzt», sagte ich. «Keine Lust mehr.»

«Jaaa», sagte sie erleichtert, «ich dachte schon, du bist mir böse, dass ich sie einfach nicht mehr nehme!»

Ich winkte ab, verstehe ich doch alles, und wir sind doch erwachsene Frauen.

«Und wie verhütest du?»

Ein Hauch von Verlegenheit huschte über ihr Gesicht. «Kondome», sagte sie.

Kondome. Unter uns, das ist ab 40 das Codewort für: Wir haben so selten Sex, dass ich nicht mehr jeden Tag was nehmen will. An dieser Stelle habe ich als Ärztin zwei Möglichkeiten: angeln oder ignorieren. Ich entschied mich fürs Angeln und warf meine Rute aus: «Wenn man so kaputt ist und abends aus dem Bad kommt und der Mann liegt da im Bett und grinst, denkt man ja nicht selten: Nicht auch noch das ...»

Anna, die Englisch am Gymnasium unterrichtet, lachte und sagte mit perfektem britischem Akzent: «A woman's work is never done.»

Wir lachten zusammen, dann war sie einen Moment still.

«Eigentlich habe ich gar keine Lust mehr. Wenn ich nie wieder Sex haben müsste mit Rainer, wäre ich auch fein damit. Ohne Mist. Glücklich ist er nicht darüber. Aber eigentlich war ich nie so sexbesessen, und jetzt fehlt mir das gar nicht.»

Ich schaute ihr in die Augen. «Willst du das ändern?»

Sie seufzte. «Ja und nein. Manchmal denke ich zurück an die Uni-Tage, weißt du noch? Mit Antonio war alles der Hammer, nur Abenteuer, aber dann war der weg ... Ich war noch nicht bereit für eine Beziehung, doch dann kam Rainer, und der ließ nicht locker. Folgte mir überallhin mit seiner akustischen Gitarre und sang seine spontan selbst getexteten Lieder.» Sie lachte und hielt einen Moment inne. «Gott, war der lustig und albern. Heute ist alles so grau geworden.»

Tja, die Anfänge einer Beziehung. Es scheint, als sei Eros in dieser Zeit extra dafür da, uns in diese Beziehung zu bringen, mit der Kraft der Atomspaltung uns in eine Zweisamkeit zu katapultieren. Gerade den Anfängen einer Beziehung wohnt ein Zauber inne; aus dem Nichts wird eine neue Welt gestampft, die Du-und-ich-Welt. Nichts ist aufregender als diese Anfangszeit, die oft der Beziehung sowohl als Basis dient als auch Standards für später setzt.

Der Sex am Anfang einer Beziehung ist natürlich aufregend und spannend (was nicht immer der beste Sex sein muss, aber dazu mehr im dritten Teil). In der ersten Phase hat man Sex, weil es das Herz so will, später oft, weil das Herz Bestätigung braucht, dass die Beziehung noch okay ist. Guter Sex gibt einem Hoffnung, Hoffnung auf eine gemeinsame, glückliche Zukunft. Auch deshalb ist Sex für uns so wichtig.

In einer langen Beziehung Eros aufrechtzuerhalten, ist natürlich etwas völlig anderes, weil andere Dinge dazwischenkommen. Meist Dinge, die Schabernack mit unserer Psyche treiben.

Doch noch etwas, was Anna gesagt hatte, hallte mir im Kopf nach. «Was meinst du damit, du warst nie so sexbesessen?»

Sie versuchte erneut, ihre Verlegenheit zu überspielen. Es

tat mir leid, und ich fürchtete schon, ich wäre zu weit gegangen mit meiner Fragerei.

«Ach, weißt du, ich bin ziemlich spießig und verklemmt groß geworden. Bei uns zu Hause wurde nie über Sex gesprochen. Meine Mutter war die stoische Hausfrau, die die langen Nächte meines Vaters mit der Sekretärin erduldet und ignoriert hat. Ich habe erst während der Uni-Zeit entdeckt, dass Sex gut sein kann, davor war es eher eine krampfige Aktion, eben das, was man halt machen muss in einer Beziehung.»

«Das klingt aber für mich wie eine normale Entwicklung und nicht wie etwas Abwegiges. Wenn zu Hause so viel in Schweigen gehüllt und Sex tabuisiert wird, ist es am Anfang schwer, sich auf unverkrampfte Weise mit Sex anzufreunden.»

Vielen Menschen geht das so. Ein sexnegatives Zuhause kann uns ein Leben lang Probleme bescheren, wenn wir uns nicht damit auseinandersetzen. Dazu würde ich später kommen mit Anna, aber zunächst mussten wir etwas Grundsätzliches aus dem Weg räumen.

«Viele wissen nicht, dass spontane Lustentwicklung für Frauen eher untypisch ist. Wir ticken da einfach nicht so wie der stereotype Durchschnittsmann. Wir haben meistens eine reaktive Lustentwicklung und selten eine spontane. Das Problem entsteht dann, wenn man anfängt, sich selbst dafür zu verurteilen.»

Anna schaute erstaunt, und ja, auch etwas erleichtert.

«Echt?»

«Ja. Die meisten von uns fangen in der Langzeitbeziehung nicht aus dem Nichts an zu köcheln. Wir brauchen den richtigen Kontext. Einfach so den Partner anzuschauen und spontan zu denken ‹sexy times›, das ist eher die Ausnahme als die Normalität.»

Und weil das gerade so wichtig ist, frieren wir das Bild mit Anna kurz ein und halten im Kopf das Video an, um uns mit diesem Thema zu befassen.

Architektur der Lustentwicklung: Kontext, Gas und Bremse

Wenn du ebenso erstaunt wie Anna bist, bist du keine Ausnahme. Die Annahme scheint allgemein verbreitet zu sein, dass die einzige «richtige» Lust die spontan entstehende sei und dass die reaktive Lust – sozusagen der Appetit, der beim Essen kommt – irgendwie eine Lust zweiter Klasse sei. Bei nachlassender Lust gerade in Langzeitbeziehungen haben viele eine nervige kleine Stimme im Hinterkopf, die ihnen zuflüstert: Früher musste er dich nur anschauen, dann warst du so weit und wolltest mit ihm Sex. Vielleicht bist du nicht normal. Oder vielleicht war die Beziehung schlicht eine falsche Entscheidung. Irgendwann finden wir uns halbwegs ab und leben damit, dass die Lust immer weniger wird, so ab 50, wenn wir als asexuelle Wesen uns bei unserem ebenfalls asexuell gewordenen Partner einhängen und nachmittags spazieren gehen, durch einen asexuellen Wald voller anderer lustloser Spaziergänger. Die graue Welt der Lustlosen.

Nein, nein und nein. Du musst dein früheres sexuelles Ich nicht an den Nagel hängen. Auch wenn viele Frauen eine idealisierte Vorstellung von «spontanem» Sex haben, wie im Film, wo der Mann mit einer Armbewegung den Schreibtisch abräumt, die Frau hinlegt und sie leidenschaftlichen Sex haben.

Ich sage dazu: Bullshit. Diese «spontane Lust», die einen überkommt, ist zwar selten, das stimmt, aber meistens entsteht auch sie nicht in einem Vakuum. Auch spontane Lust hat eine Vorgeschichte, und es gibt gewisse Vorbedingungen, die ihre Entstehung begünstigt haben. Denke mal zurück an das letzte Mal, als du spontan Lust auf Intimitäten hattest: Ich wette, die Lust ist nicht entstanden, als du genervt bei der Kfz-Anmeldestelle in der Schlange standest, sondern war vermutlich das Ergebnis von Ereignissen über eine vorherige Zeitspanne: die letzte Nacht, die ausgesprochen toll war, oder ein gelungener erster Urlaubstag, das Gefühl, endlich gesehen und verstanden zu werden, durch bestimmte Gesten oder beiläufige Berührungen sich begehrt zu fühlen.

Somit ist die spontan entstehende Lust zwar spontan, aber nicht wirklich eine Überraschung. Im Verlauf einer Beziehung, in der der Alltagsstress präsent ist und keiner mehr mit einer Armbewegung den Schreibtisch freiräumt, macht die spontane Lust eher Platz für die reaktive Lust. Diese ist ganz einfach die Lust, die entsteht, wenn man im passenden Kontext Dinge sieht oder erlebt, die wir grundsätzlich sexuell interessant finden. Ganz oft haben wir es mit einer Mischform zu tun: Man ist zum Beispiel empfänglicher für einen sexuellen Reiz und reagiert schneller darauf, wenn man vom Sex von letzter Nacht noch nachglüht.

Die pure spontane Lustentwicklung mit anschließendem Geschlechtsverkehr ist zwar ein begehrtes Ereignis, aber aufgrund des normalen Alltags von Menschen in Langzeitbeziehungen eher die Ausnahme. Vielmehr ist die reaktive Lustentwicklung vollkommen normal – nämlich als Reaktion auf etwas, das uns gefällt, und immer im richtigen Kontext.

Was heißt in diesem Zusammenhang «Kontext»? Kontext ist die Situation, in der gerade etwas passiert, das unser Gehirn als sexy oder sexuell interessant einstuft, unter dem stets beobachtenden Blick des Dualen Kontrollmodells, das im Kinsey Institute in Indiana entwickelt wurde.

Die rein spontane Lustentwicklung ist bei Frauen seltener. Gerade in Langzeitbeziehungen ist die reaktive Lustentwicklung – oder eine Mischform – die häufigere Variante.

Das Duale Kontrollmodell

Obwohl man nicht die Geschichte der Sexualwissenschaft kennen muss, um sein Sexleben zu verbessern oder zu erhalten, ist es vielleicht interessant, wenn wir uns einmal vor Augen führen, welche Schritte im letzten Jahrhundert gemacht wurden, die die Türen geöffnet haben für die sexuelle Forschung von heute, und da kommen wir nicht an Alfred Kinsey vorbei. Alfred Kinsey war einer der ersten Wissenschaftler, die das sexuelle Verhalten von Menschen untersuchten. 1953 wagte er sich ähnlich wie damals Captain Kirk mit seinem Raumschiff Enterprise in einen Bereich vor, der noch nie zuvor von Menschen betreten worden war: Er machte es sich zur Aufgabe, die Sexualität der US-amerikanischen Gesellschaft zu kartografieren, und befragte 20 000 amerikanische Männer und Frauen anonym zu ihren sexuellen Vorlieben und Gewohnheiten. Mit dem, was er zutage förderte, löste er ein Erdbeben aus: vorehelicher Sex, geheime Affären, versteckte Homosexualität, sexuelle Fetische und auch die Erkenntnis, dass viele Frauen beim Sex heimlich masturbieren, weil sie beim ollen «Rein-Raus» nicht zum Orgasmus kommen. Schwer zu sagen, was die damalige US-Gesellschaft am meisten geschockt hat. Er fand außerdem heraus, dass viele Frauen multiple Orgasmen hatten; diese wurden seltsamerweise jahrelang von der Öffentlichkeit und anderen Wissenschaftlern angezweifelt.

Fast forward in die Neunziger: Am Kinsey Institute in Indiana entwickelten John Bancroft und Erick Janssen ein Modell, das allen Eventualitäten des sexuellen Kontexts gerecht zu werden versuchte: das sogenannte Duale Kontrollmodell der Lustentwicklung (Dual Control Model of Sexual Response). Es war primär dazu konzipiert worden, das wissenschaftlich bis dahin eher diffuse Konzept der individuellen Lustentwicklung strukturiert einzuordnen.

Man kann, auch ohne Wissenschaftler zu sein, das Modell bestens nutzen, um für sich selbst einzustufen, was in die persönliche sexuelle Gleichung hineinfließt. Für viele ist das Duale Kontrollmodell ein Lifechanger, daher: Nachfolgend erkläre ich dir alles, was du wissen und verstehen musst. Wenn du das nämlich erst mal gesehen und begriffen hast, vergisst du es nie wieder und kannst es aktiv bei dir anwenden.

Das Duale Kontrollmodell basiert darauf, dass es im Körper des Menschen diverse Systeme gibt, die gegenläufig sind: Es gibt Bizeps und Trizeps, Bauch- und Rumpfmuskulatur, die ausgeglichen trainiert sein müssen, damit Balance und Harmonie entstehen. Im Inneren gibt es ein Nervenkostüm namens «sympathisches Nervensystem», das den Blutdruck hochtreibt und das aktiviert wird, wenn wir in Alarmbereitschaft stehen. Daneben gibt es das «parasympathische Nervensystem», mit dem auch der Vagusnerv verbunden ist, das den Blutdruck runter- und uns in den Relaxmodus bringt. Auch dieses System muss in Balance sein, sonst haben wir unter anderem einen zu niedrigen oder einen zu hohen Blutdruck.

Im Reich der Sexualität gibt es laut dem Arbeitsmodell von Bancroft und Janssen ebenfalls ein gegenläufiges System mit einem roten und einem grünen Knopf, oder präziser: ein Gaspedal und eine Bremse.

Das Gaspedal wird durch alles aktiviert, was wir sexy finden: der Duft des Partners, an der Klitoris richtig stimuliert zu werden, sexuelle Fantasien, ein Kuss, der alles verändert. Aber die Liste endet nicht mit dem, was wir subjektiv gut finden, es gibt auch Dinge, die uns vielleicht peinlich sind, zu denen unser sexuelles Gehirn «Ja» sagt, aber unser Verstand «Bitte nicht», zum Beispiel: Sexgeräusche von den Nachbarn zu hören oder plumpes pornografisches Material zu sehen. Die Genitalien reagieren unnötigerweise darauf, auch wenn man bereut, diese Dinge gesehen oder gehört zu haben.

Das ist so, weil unser sexuelles Gehirn wie ein Hund ist, der undifferenziert an allem riecht, was irgendwie essbar erscheint (oder auch nicht), und, ohne es besser zu wissen, bereits eine Durchblutung der Genitalien anordnet. Daher darf man das nicht persönlich nehmen, wenn Harald und Gisela aus dem 4. Stock es wieder knallen lassen und man spürt, wie sich irgendwas im Unterleib tut. Das ist normal und heißt nicht, dass du dazustoßen möchtest oder irgendwie Gisela oder Harald sein willst. Am besten die Reaktionen des Körpers nicht persönlich nehmen, das Ganze abheften unter «ein Hund namens sexuelles Gehirn», kurz an der Leine ziehen und weitergehen.

Und dann gibt es noch die Bremsen, und die sind durchaus interessant, weil da die meisten Schlüssel begraben liegen, wenn wir verstehen wollen, warum wir temporär oder regelmäßig keine Lust auf Sex haben.

Dies können Dinge sein, die dauerhaft die Bremse betätigen:

- Gesundheitliche Einschränkungen, die sexuelle Tätigkeiten erschweren, wie zum Beispiel zu hoher Blutdruck, Migräne, instabiler Blutzucker, eine laufende Chemotherapie, chronische Schmerzen, Depressionen. Aber auch zahlreiche gynäkologische Diagnosen fallen hierunter, wie Dauerblutungen, chronischer Juckreiz am Genital, Schmerzen beim Geschlechtsverkehr, Harninkontinenz oder Endometriose.

- Hormonelle Umstände, die die Lust dämpfen, zum Beispiel die Antibabypille, die Wechseljahre, Eierstockentfernungen oder absoluter Testosteronmangel (darüber sprechen wir später ausführlich, keine Sorge).
- Die Einnahme von manchen Medikamenten drosselt die Lust, zum Beispiel Antidepressiva oder eine orale Kortisontherapie.
- Scham wegen des eigenen Körpers: Viele fühlen sich wegen Cellulite, hängenden Brüsten, der Vorstellung, die Vagina sei nach der Geburt «zu weit», oder wegen Dehnungsstreifen in ihrer Haut nicht wohl.
- Scham, weil Sex «schmutzig» ist: Das sind tief sitzende Glaubenssätze, die einem oft nicht mal selbst bewusst sind (mehr dazu folgt).
- Partnerschaftskonflikte: Wenn man innerlich bereits die Beziehung verlassen hat, aber noch nicht die Kurve bekommt, um Schluss zu machen.
- Schmerzen beim Sex: zum Beispiel verursacht durch Hormonmangel in der Vagina, unfreiwilliges Verkrampfen (Vaginismus) oder durch Vernarbungen, zum Beispiel nach Operationen im Bauchraum.
- Angst davor, keinen Orgasmus zu bekommen und den Partner zu enttäuschen.
- Angst, nicht feucht zu werden, zu feucht zu werden oder sonst wie nicht zu «funktionieren» beim Sex.
- Sorgen, keine Lust auf Sex zu haben und damit sexuell «defekt» zu sein (das dämpft dann weiter die Lust).
- Der Sex mit dem Partner war das letzte Mal (oder vielleicht immer) nicht gut. Mehr dazu auch später.

Und vieles mehr. Und dann gibt es zwischendurch die kleinen Bremsen, wie zum Beispiel:

- Müdigkeit und Erschöpfung
- Akuter Streit mit dem Partner
- Kleine Kinder, die gerade wach sind
- Die Schwiegermutter, die zu Besuch ist
- Unpassender sozialer Kontext (man ist zum Beispiel gerade im Supermarkt)

Im Idealfall befinden sich unsere Körpersysteme im Alltag in Balance: Der Blutdruck ist nicht zu hoch und nicht zu niedrig, der Bizeps ist nicht dauernd angespannt, und man hat eine gesunde Mitte zwischen sexueller Erregung und sexueller Hemmung. Auf diesem Spektrum gibt es auch Menschen, die sich etwas links und rechts der Mitte befinden, doch solange man nicht allzu weit ins Extreme abweicht, gelten all diese Varianten als normal. Die Sensibilität der Gas- und Bremspedale ist bei jedem anders. Zudem gibt es tagesspezifische Formen, nach einem langen Arbeitstag ist man Sex gegenüber eher abgeneigt als im Urlaub.

Außerdem gibt es geschlechtsspezifische Tendenzen: Allgemein gilt, dass der Durchschnittsmann ein empfindliches Gaspedal hat, das recht schnell auf sexuelle Reize reagiert und sich weniger von störenden Faktoren auf die Bremse treten lässt. Auch das Alter spielt natürlich eine Rolle: Ein junger Mann hat ein sensibleres Gaspedal als ein älterer, gesundheitlich belasteter Mann (hier auch wieder verallgemeinert, wir kennen alle möglichen Ausnahmen).

Frauen haben oft von Haus aus eine eher empfindlichere Bremse und reagieren schneller auf Reize wie zum Beispiel das weinende Kind im Nebenzimmer. Das Ganze ist wie immer auch dem Gesamtkontext unterworfen, in dem jede sexuelle Handlung stattfindet: Ist das Zimmer kalt, hatte man

Streit mit dem Partner, der nicht friedlich beigelegt wurde, oder befindet man sich im kuscheligen Bademantel im Hotelzimmer.

Wenn du dich also das nächste Mal ernsthaft fragst, warum du keine Lust auf Sex hast, gehe kurz im Kopf die möglichen Bremsen durch – mit Sicherheit findest du dort schnell eine Antwort. Bei den meisten Frauen ist es so, dass sie glauben, sie hätten von Natur aus keine gesteigerte Lust auf Sex, aber in Wahrheit steht zu viel auf der Bremse, was sie schon gar nicht mehr wahrnehmen.

Zurück zu Anna, drücken wir wieder auf «Play»:

«Ich dachte, ich sei abnormal! Ich habe von meiner Mutter und von meiner Oma immer eingetrichtert bekommen: Nette Mädchen wollen keinen Sex. Meine Mutter hat jedes Mal einen halben Herzinfarkt bekommen, wenn ich mit meinem Freund Schluss gemacht habe.»

Schon während des Studiums war ich irgendwie Ansprechpartnerin für alle Frauen mit Männerproblemen in meiner Umgebung gewesen, und auch Anna und ich unterhielten uns auf mancher Uniparty, spätnachts, draußen bei zwei Flaschen Bier. Ich habe ein hervorragendes Gedächtnis für alle Geschichten aus der emotionalen Welt, daher war es mir sofort wieder präsent: Anna kam aus einem kleinen nordhessischen Dorf. Dort kannten sich alle, und alle waren entzückt, als sie mit ihrem damaligen Schulfreund zusammenkam. An der Uni hat sie sich dann von diesem Freund getrennt, was zu allgemeinem Entsetzen zu Hause führte.

«Ich weiß noch, wie du mir damals erzählt hast, dass deine Mutter geweint hat, als du deinen Freund für Antonio verlassen hast.»

«Ja, sie lamentierte immer, nun sei der Ruf im Dorf dahin, und mich würde kein Mann mehr nehmen. Meine Oma war noch schlimmer, sie hat schon in mein Poesiealbum geschrieben: ‹Sei wie das Veilchen im Moose, bescheiden, sittsam und rein, nicht wie die stolze Rose, die immer bewundert will sein.›»

Ich seufzte innerlich. Schon sehr früh wurden wir Frauen der Generation X durch Kinofilme und unsere Umgebung darauf programmiert, dass wir dann der Hauptpreis für Männer sind, wenn wir wie die perfekte Prinzessin zwar etwas Erfahrung mit Sex haben, aber nicht so viel, dass wir ihn wirklich brauchen oder – Gott bewahre – einfordern, und stattdessen immer etwas Unschuldiges bewahren.

«Kein Wunder, wenn das die Moralvorstellungen bei dir zu Hause waren – wir leben nicht mehr in den 1960ern. Welche moderne junge Frau will schon sittsam und rein sein?», sagte ich.

Ich erklärte Anna das Duale Modell der Sexualität als Gedankenfutter und entließ sie hoffentlich mit dem Impuls, ihre eigenen Gas- bzw. Bremspedale in Ruhe zu erforschen. Mehr kann man in einem Vorsorgetermin nicht tun, aber immerhin.

Ich ahnte jedoch schon, dass das Thema damit noch nicht abgehandelt war.

ANTs – Ameisen im Bett

Frauen wie Anna erzählen mir oft, dass diese anerzogene negative Einstellung zum Sex wirklich ein Problem für sie in ihrer sexuellen Weiterentwicklung darstellt. Man weiß zwar irgendwann, dass die Scham über Sex abgelegt gehört, und man will diese Last aus der Kindheit abschütteln. Aber Scham ist ein mächtiges Gefühl, das sich nicht so leicht abschütteln lässt. Nach meiner Erfahrung haben viele als Erwachsene schon erkannt, dass die Oma unrecht hatte und dass Sex Spaß machen darf, aber dafür schleichen sich mit zunehmendem Alter neue Botschaften ins Hirn, die man erst einmal erkennen muss. Die Scham findet einen Weg und kehrt zurück in Form von anderen negativen Gedanken, die während des Sex auftauchen. Sextherapeut:innen nennen solche Gedanken *Automatic Negative Thoughts*, abgekürzt ANTs, was ich sehr passend finde, weil *ants* das englische Wort für Ameisen ist. Wer will schon Ameisen im Bett haben?

Es ist eine gute Übung, zu identifizieren, wo und wann man ANTs hat. Sie sind einer der vielen Gründe, warum Frauen Sex vermeiden, sich dessen aber oft nicht bewusst sind. Für Frauen über 40 gibt es eine ganz eigene Reihe an ANTs, schauen wir uns mal die Hitparade an:

1. Ich bin zu dick, meine Bauchdecke ist zu schwabbelig, meine Brüste hängen so hässlich.
2. Meine Vagina funktioniert nicht mehr, wie sie soll, weil ich zu alt bin.
3. Meine Vagina ist zu weit seit den Geburten, der spürt doch nichts mehr und spielt mir hier was vor.
4. Ich werde beim Sex inkontinent, und das Bettzeug wird nass.
5. Ich rieche unten komisch.
6. Ich bin nicht feucht genug, weil ich alt und vertrocknet bin.
7. Wenn ich jetzt nicht komme, habe ich versagt.
8. Meine Vulva sieht alt aus und hat graue Schamhaare.
9. Ich bin nicht sexy, sondern peinlich und verschrumpelt.
10. Ich kann Sex einfach nicht mehr, früher war es einfacher.

Fies, oder? Zum Glück ist es meistens nicht so, dass diese Gedanken den Sex dominieren, sondern sie sind eher wie Ameisen beim Picknick: Sie tauchen auf, laufen weg, kommen wieder. Viele Frauen finden den Sex dennoch okay, aber diese Ameisen nerven. Sie haben zwar nicht den Ausflug ruiniert, aber ein Picknick im Freien ist besser ohne Insekten als mit.

Der einfachste und schnellste Weg, mit ANTs umzugehen, ist, sie einfach zu erkennen und nicht so fürchterlich ernst zu nehmen. Ein ANT hat nämlich nur so viel Macht, wie man ihm gibt – am Ende des Tages ist es nur eine Ameise und keine Giftschlange auf der Picknickdecke.

Daher mein pragmatischer Vorschlag: Wenn du während des Sex merkst, dass du solche Gedanken hast und sie deinen Flow stören, halte einen Moment inne und schnipse die Ameise im Geiste mit dem Finger weg. Richte deine Aufmerksamkeit anschließend bewusst auf das, was sich angenehm anfühlt – das Streicheln, die Penetration, die Haut des Partners, sprich: auf Pleasure. Wie das am besten geht, meine Liebe, lernen wir im dritten Teil sehr ausführlich.

Das Vier-Stufen-Modell der sexuellen Reaktion von Masters und Johnson und warum es nicht die ganze Geschichte erzählt

1966 haben der Gynäkologe William Howell Masters und die Wissenschaftlerin Virginia Johnson fast 10 000 Männer und Frauen dabei beobachtet, wie sie in einem Labor Sex haben. Das Ergebnis dieser groß angelegten Studie war ein Modell, das eine verzerrte Vorstellung eines optimalen sexuellen Erlebnisses wiedergab und das bis heute in unseren Köpfen festsitzt. Das Modell heißt im Original *Sexual Response Model* und beschreibt vier Phasen der sexuellen Reaktion: Erregung, Plateauphase, Orgasmus und Erholungsphase.

Bis heute gilt dieses Modell von Masters und Johnson als Standard zum Verständnis der menschlichen Sexualität. Du wirst keinen besseren Sex haben, wenn du das Modell kennst, schlimmstenfalls sogar das Gegenteil. Daher ist es mir ein Anliegen, dir zu erklären, was an dem Sexual Response Model *falsch* ist. Die einzelnen Phasen kann man durchleben, aber der Ablauf kann variieren, und all das ist normal. Definieren wir zunächst einmal die Phasen, und dann schauen wir im Anschluss die Varianten eines sexuellen Zyklus an, die alle gleichwertig in sich das Potenzial enthalten, sexuelle Erfüllung zu bringen.

Wenn wir den Sex, den wir tatsächlich erleben, als normal und deshalb wertvoll ansehen wollen, müssen wir uns von veralteten «optimalen» Modellen befreien.

In der Erregungsphase steigt die Durchblutung der Vagina, und auch die Schwellkörper der Klitoris füllen sich mit Blut. Durch diese heftige Durchblutung wird Flüssigkeit aus dem Blut in die Vagina gepresst, ähnlich wie wenn man einen Schwamm ausdrückt: Die Vagina wird feucht. (Früher hat man geglaubt, die Drüsen am vaginalen Eingang und am Gebärmutterhals seien allein für die Befeuchtung zuständig. Heute wissen wir, dass sie nur einen geringen Anteil zur sexuellen Befeuchtung beisteuern.) Die inneren zwei Drittel der Vagina dehnen sich wie ein Teleskop aus, und die Gebärmutter stellt sich auf. Der Klitoriskopf und die kleinen Vulvalippen schwellen an. Die Nippel können hart werden und die Brüste minimal anschwellen. Das Bewusstsein fängt an,

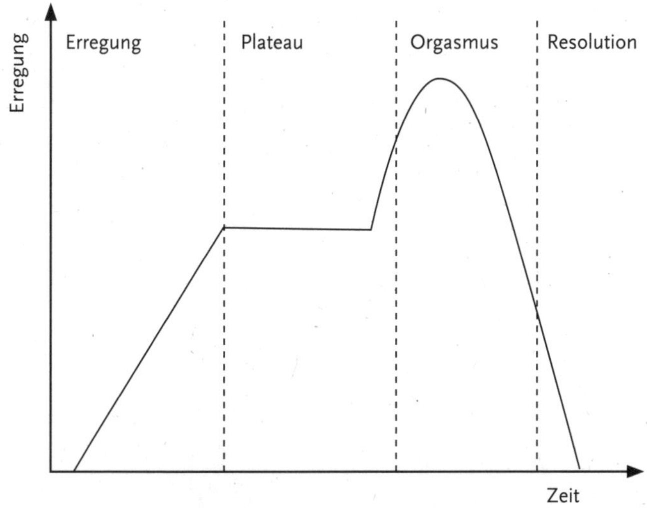

Das Sexual Response Model von Masters und Johnson

sich einzuschränken, man fixiert sich auf das, was man sexy und erregend findet. Es beginnt ein temporärer Verlust von IQ-Punkten.

In der Plateauphase ist eine hohe Erregung erreicht, und die sexuelle Spannung ist hoch. Diese Phase ist durch vier interessante anatomische Facts gekennzeichnet. Erstens, die Schwellung im äußeren Drittel der Vagina nimmt zu und verengt den vaginalen Eingang um mindestens 30 Prozent. In Kreisen der Sexualwissenschaft nennt man diese Schwellung die «orgastische Manschette».[10] Dank ihr kann die Vagina den Penis fester umklammern, ein möglicher Grund, warum die Größe des Penis egal ist.

Zweitens zieht sich der Klitoriskopf in dieser Zeit nach innen.

Drittens, die Farbe der Vulvalippen ändert sich von Rosa

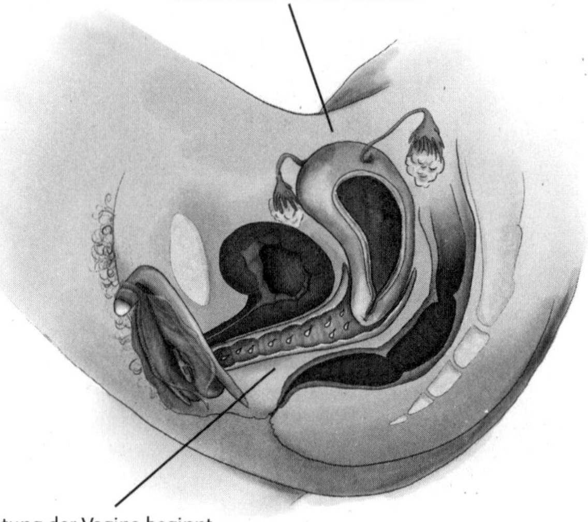

Seitenansicht der Organe bei Erregung

zu Bordeauxrot. Diese Farbveränderung nannten Masters und Johnson *Sex Skin*. In mehr als 7500 beobachteten Sexzyklen war diese Sex Skin bei Frauen vor einem Orgasmus zu sehen, und zwar ohne Ausnahme jedes Mal.

Viertens, der hintere Teil der Vagina weitet sich in einem Vorgang, der *Tenting* heißt, wie ein Campingzelt aus und zieht die Gebärmutter weiter nach oben. Die Lubrikation, die uns in der Erregungsphase feucht und feuchter macht, verlangsamt sich nun. Das Bewusstsein ist weiter eingeschränkt, und je intensiver die Plateauphase ist, desto blöder wird man: Die Sprache wird schlichter, Eloquenz wird ersetzt durch einfache Sätze wie: Ja. Bitte. Mehr. O Gott.

In der Orgasmusphase erleben wir eine sexuelle Entladung, die keineswegs auf das Becken beschränkt ist, sondern pri-

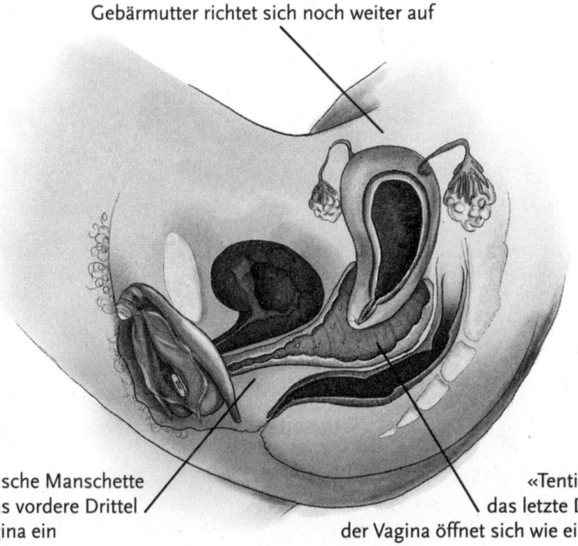

Seitenansicht der Organe während der Plateauphase

mär im Gehirn und Nervensystem stattfindet und die wir im gesamten Körper spüren. Das äußere Drittel der Vagina und der anale Schließmuskel pulsieren. Die Kontraktionen kommen zuerst alle 0,8 Sekunden und nehmen dann an Intensität und Frequenz ab. Ein milder Orgasmus hat vielleicht 3 bis 5 Kontraktionen, so Masters und Johnson, während ein intensiver 10 bis 15 hat. Die meisten Frauen empfinden den Orgasmus als ein Ganzkörpererlebnis, und die Beschreibungen sind so vielfältig wie die Frauen selbst. Das Bewusstsein ist nun komplett verschmälert, Visionen können auftauchen, Grenzen zum Universum verschwimmen, manche verlieren sich in der Wortlosigkeit. Andere Orgasmen sind klein, lahm, nichts Weltbewegendes oder einfach nervig – auch das ist normal und okay.

Manche Frauen haben eine Ejakulation, also einen Verlust

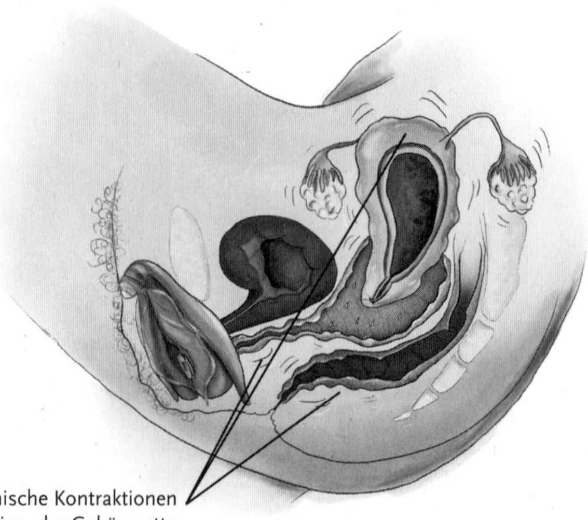

Seitenansicht der Organe während der Orgasmusphase

von Flüssigkeiten aus den Skene-Drüsen, die in der Harnröhre münden, was *Squirting* genannt wird. Dieses Phänomen ist hochumstritten, ich weiß, dass viele meiner männlichen Kollegen darauf pochen, dass das, was abgeht, Urin sei, aber das ist längst widerlegt. Vielmehr ist erwiesen, dass die Flüssigkeit sehr verwandt ist mit der der Prostata.

Nach dem Orgasmus folgt die Rückbildungsphase, auch Resolutionsphase genannt. Sie ist bei Männern und Frauen unterschiedlich: In dieser Phase schwillt bei der Frau alles langsam ab, sie bleibt aber weiterhin erregbar.

Der Mann hingegen rutscht in eine Refraktärphase, ein Zeitraum, in dem eine erneute Erektion oder ein Orgasmus vorübergehend nicht möglich sind. Diese Phase ist sehr variabel und kann einige Minuten bis mehrere Stunden dauern.

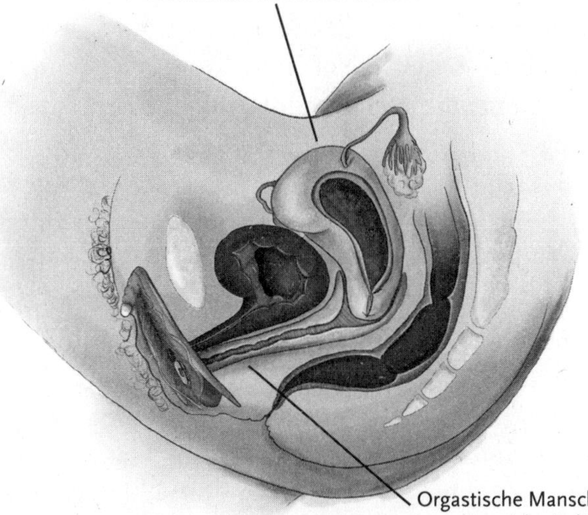

Seitenansicht der Organe während der Resolutionsphase

Frauen kehren dagegen nicht zwingend zurück zum nicht erregten Zustand, sondern finden sich eher in einem präorgasmischen Bereich wieder, wie bei Monopoly, wenn man von «Los» ein paar Felder zurück auf die Parkstraße geschickt wird. Auf der Parkstraße kann man wieder und wieder zum Höhepunkt stimuliert werden oder, um im Bild zu bleiben, auf Los kommen und 100 Dollar einkassieren. Entgegen der landläufigen Meinung brauchen Frauen nicht wie Männer unbedingt den einen Blockbuster-Orgasmus, sondern sind oft erst nach drei bis fünf Orgasmen sexuell gesättigt.

Wenn man aber diese Idee nicht weiterverfolgt und zum Beispiel einfach schlafen geht, löst die orgastische Manschette sich auf, da die Muskelkontraktionen das Blut wieder wegpumpen, und alles schwillt ab.

Ich weiß nicht, ob du es schon ahnst, aber das Modell der

vier Phasen beim Sex erzählt bei Weitem nicht die ganze Geschichte, obwohl es als Erstes aufploppt, wenn man Masters und Johnson googelt. Wenn du die Kurve lange genug studiert hast, beginnst du irgendwann beim Sex mit der Selbstbeobachtung und hörst eventuell eine kleine innere Moderatorin: Jetzt bin ich in der Erregungsphase. Mist, jetzt bin ich aber schon sehr lang in der Plateauphase. Shit, jetzt knurrt mein Magen. Bin ich zurück in die Erregungsphase gerutscht?

Das Problem ist, dass hier ein mächtiger Gendergap in der allgemeinen Berichterstattung sein Unwesen treibt: Dieses Modell, das man überall im Internet findet und das uns als sexueller Goldstandard verkauft wird, trifft meistens *nur* auf junge, gesunde Männer zu und auf uns Frauen, wenn überhaupt, beim Solosex. Aber beim Sex mit einem Partner sehen die Kurven oft komplett anders aus. Daher schauen wir uns jetzt den Rest der Geschichte an, und zwar den Teil, über den die Medien und das Internet nicht sprechen. Von Masters und Johnson gibt es tatsächlich auch Erregungskurven, die spezifischer für Frauen gedacht waren, aber eigentlich bei allen Menschen vorkommen können.

Variante 1: Die Erregung steigt, und man dümpelt auf der Plateauphase rum, hat keinen Orgasmus und geht dann in die Rückbildungsphase über.

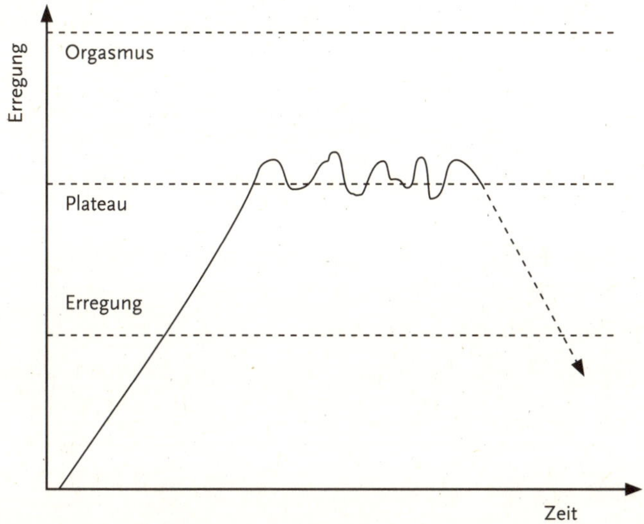

Das ist die typische Situation bei Frauen: dass der Sex ganz gut bis sehr gut war, man aber keinen Orgasmus hat. Aber auch Männer können je nach Tagesform solche Erregungsabläufe haben. Auch Erektionen können bei erwachsenen Männern kommen, gehen und in ihrer Intensität schwanken. Das gilt als normal und ist genauso zu behandeln. Viele sind fein damit, und das ist gut so. Manche mögen es beispielsweise einfach, die Partnerin bei ihrem Orgasmus zu beobachten und zu halten und ihren eigenen Orgasmus auf später zu vertagen.

Variante 2: Man hat nach dem Orgasmus weitere Orgasmen aus der Rückbildungsphase heraus (Monopoly und Parkstraße).

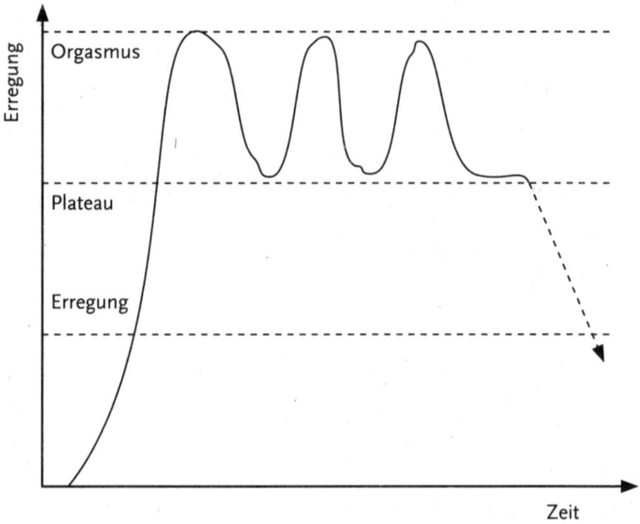

Unter dieser Variante sind sowohl multiple Orgasmen (jeder Orgasmus geht nahtlos in den nächsten über) als auch sukzessive Orgasmen zu verstehen, die nach einer kurzen Erholung bei weiterer Stimulation erfolgen. Den meisten Frauen ist es am Ende egal, was gerade auftaucht. Interessant ist, dass vielen der erste Orgasmus noch nicht ganz ausreicht und sie deshalb weitermachen wollen. Auch soll es Männer geben, die eine relativ kurze Refraktärphase erleben und überraschenderweise nach der Ejakulation gleich wieder bereit sind. Wie oft das tatsächlich vorkommt und bei wem und wann, ist hochindividuell.

Variante 3: Schwankende Erregungsphase mit Erregungsabfall, nach dem Orgasmus schnelle Rückbildung.

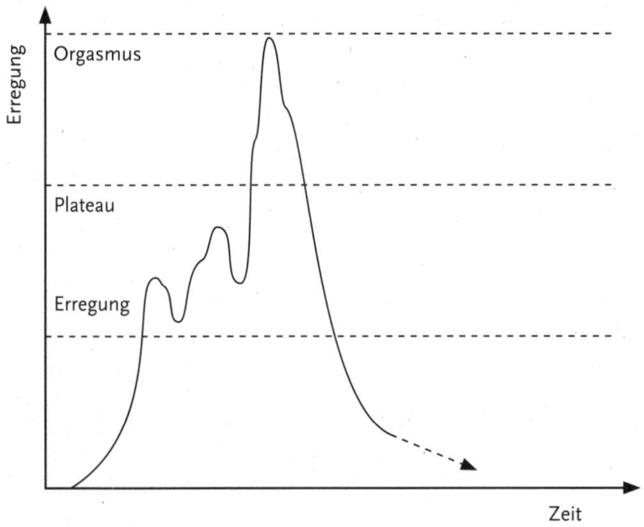

Alle diese Varianten sind normal, und es sind noch andere denkbar. Sicherlich treffen diese Varianten der sexuellen Erregung alle Geschlechter und Gender. Auch bei Männern gibt es zwischendurch Erregungsabfälle beim Sex, das gilt ebenfalls als vollkommen normal. Ein Erektionsverlust zwischendurch ist bei erwachsenen Männern business as usual (auch wenn wenige darüber sprechen), und wenn man dem nicht viel Beachtung schenkt, erholt sich der Penis meistens nach kurzer Zeit und ist wieder actionbereit. Außerdem kommt beim Sex wie bei allem anderen auch das Leben dazwischen. Manchmal kommt man nicht zum Orgasmus; manchmal hat man Rückenschmerzen und muss immer wieder die Position ändern; manchmal gibt es einen Verlust an Erektion oder Erregung vor dem Eindringen, weil die Geometrie des Penis-/Vagina-Winkels erst mal sortiert werden muss. All das ist normal.

Alleine die Suche nach dem richtigen Penis-/Vagina-Winkel beim Einführen kann auf beiden Seiten zu Erregungsabfall/ Erektionsverlust führen, und das ist normal.

Weil wir gerade beim Thema Orgasmus sind: Interessanterweise sind Orgasmen bei Sexualtherapeut:innen nie wirklich ein Thema. Sie werden wie ein Reflex behandelt, wie Niesen, und sollten eher als Nice-to-have denn als Must-have betrachtet werden. Im Idealfall ist es wie in einem tollen Restaurant: Der Aperitif ist elegant, der Gruß aus der Küche überraschend, der Brotkorb mit warmem Baguette und Kräuterbutter purer Luxus, die Vorspeise perfekt, die Hauptspeise eine Symphonie. Und wenn man meint, man bekommt keinen Bissen mehr runter, präsentiert der Kellner die Dessertkarte! Niemand würde auf die Idee kommen, durch die Mahlzeit zu hetzen, um endlich zum Dessert zu kommen. Und wenn man von der Mahlzeit schon gesättigt ist und kein Dessert mehr nimmt, sagt keiner: Das gesamte Essen war eine Enttäuschung.

Diese Art, den Orgasmus zu betrachten, benötigt etwas Übung. Nicht immer gelingt es einem, sich nur auf Pleasure zu fokussieren, auch das ist normal. Wir lernen alle in der Sexualität dazu, und zwar ein Leben lang. Es gibt viele Hinweise, dass sich unsere Sexualität sogar nach der Lebensmitte noch weiterentwickeln kann[11] und dass die Zufriedenheit über das eigene Sexleben über 50 weiter ansteigt.[12] Den meisten Aussagen zufolge ist bei Sex nach 50 oft der Orgasmus- und Leistungsdruck weg. Ältere Menschen sind mit den Jahren weiser und wollen ihre Zweisamkeit lieber damit verbringen, sich gegenseitig zu genießen. Im letzten Teil erfahren wir, wie das geht.

The Circle of Lust – das zirkuläre Modell der weiblichen Lustentwicklung

Wenn du das Gefühl hast, dass dem linearen Response-Modell von Masters und Johnson eine Zutat fehlt, bist du nicht alleine. Auch der Sexualwissenschaftlerin Helen Kaplan fehlte in der ganzen Chose die Lust, also der Funken, der den Dachstuhl zum Brennen bringt. Sie stellte 1979 ihr Modell vor, das die Lust allen sexuellen Zyklen voranstellt. Einfach ausgedrückt sah es so aus:

Lust – Erregung – Orgasmus – Resolutionsphase

Das kann immer noch nicht alles sein, dachte sich wiederum die Sexualwissenschaftlerin Rosemary Basson (wie oft es Wissenschaftlerinnen waren, die unser Verständnis von der weiblichen Sexualität weitergebracht haben, ist schon bemerkenswert). Sie erkannte, dass die weibliche Lustentwicklung *nicht linear ist, sondern ein Kreis.* In ihrer Arbeit vom Jahr 2000 beschrieb sie die Lustentwicklung bei Frauen in Langzeitbeziehungen und postulierte, dass Frauen keine Lust aus dem Nichts bekommen und dass auch nicht der Appetit mit dem Essen kommt, sondern dass Frauen als Baseline zunächst einmal «neutral» sind.[13] Sind wir gerade bei Beginn einer neuen Romanze frisch verliebt und die Baseline ist schon sehr lustdurchtränkt, ist die spontane Lustentstehung, die im Kaplan-Modell gezeigt wird, eher gegeben. Später, wenn sich die Baseline verändert, sieht es in der Beziehung anders aus.

Rosemary Basson beschreibt einen Kreis, der Einfachheit halber fangen wir bei der Neutralität an.

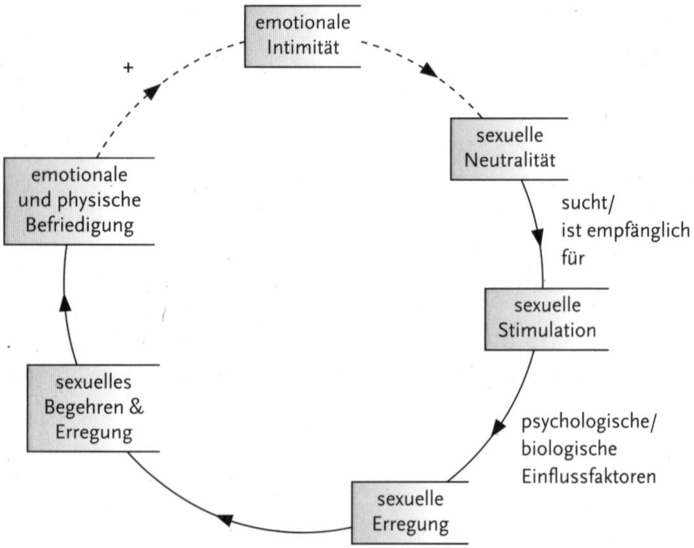

Das zirkuläre Modell der weiblichen Lustentwicklung nach Rosemary Basson

Aus der neutralen Zone heraus gibt es laut Bassons These verschiedene Gründe, um Lust auf Sex zu bekommen. Eine Frau will also eher aus dem Nichts heraus das *Gefühl haben, Lust zu haben,* und das kann durchaus nichtsexuelle Gründe haben, allen voran das Bedürfnis nach Nähe. Oft sind es die Erinnerungen an den letzten Sex oder daran, was daraus entsprungen ist. Vielleicht war der Sex besonders gut oder intensiv. Vielleicht erinnert sie sich an die anschließende Harmonie und Nähe zum Partner, oder sie hat die Erfahrung gemacht, dass der Partner nach dem Sex mit all seinen Macken plötzlich etwas leichter zu ertragen war. Schlussendlich wirkt gelungener Sex beruhigend. Wenn es in der Beziehung mal Turbulenzen gibt, lässt guter Sex einen auf ein besseres Miteinander – und damit noch mehr guten Sex – hoffen; wo Hoffnung ist, kann die Lust gedeihen.

Jedenfalls, so Basson, sucht eine Frau dann Situationen auf, von denen sie hofft, dass daraus Lust entstehen wird: Vielleicht schlägt sie vor, am Wochenende in das kleine romantische Hafenrestaurant zu gehen oder abends ein Kaminfeuer anzumachen. Hierbei geht es ihr weder ums Essen noch um den wärmenden Effekt des Feuers, sondern sie versucht, die Bühne vorzubereiten, auf der die Lust im richtigen Kontext funken könnte. Falls das gelingt und sie guten Sex hat, glüht sie vielleicht etwas nach, bevor sie wieder in die neutrale Position kommt, wo natürlich durch die positive Verstärkung erneut die Lust entsteht, Lust zu bekommen.

Wenn die Erinnerung an Sex jedoch nicht gut war, haben wir den umgekehrten Effekt. Wenn es zum Beispiel ein Erektionsproblem gab, du dich beim Sex einsam gefühlt hast oder ihr wegen Schmerzen abbrechen musstet, führt das zu einem negativen Feedback auf den Kreisverkehr. Wenn derart negatives Feedback nicht die Ausnahme ist, sondern die Regel, frustriert das und schadet der Lust auf Dauer. Wenn sich die Situation gar hoffnungslos anfühlt, geht die Lust ein. Wo Hoffnung, da Lust. Wo keine Hoffnung, Herzstillstand für die Libido. Und das wollen wir ja verhindern.

Wenn dir diese ganzen Theorien nicht ausreichen oder in dir das Gefühl hinterlassen, dass der Kern der Sache noch nicht getroffen wurde – ja, du hast recht. Erinnere dich, wir sind noch ganz unten im Dreieck des V. Es kommt noch viel, viel mehr, versprochen.

3.

Deine sexuelle Hardware – Revolutionäres Wissen über die weibliche Anatomie

In diesem Abschnitt machen wir einen Deep Dive in die intime Mikro- und Makroanatomie der Frau, und du wirst Dinge erfahren, die nur wenige wissen. Obwohl man nicht jede Erregungsstruktur mit Namen kennen muss, um Sex zu genießen, gibt uns das genaue Wissen über unser Genital zusätzliche Autorität und Selbstwirksamkeit über unser eigenes sexuelles Erleben: Wer ein Insider seines eigenen Körpers ist, hat die Herrschaft über sein eigenes Sex-Universum. Wer bereits alles weiß, darf zum nächsten Kapitel springen (nur warte auf den Rest von uns, der noch lesen will 😊). Vielleicht bleibst du aber auch noch einen Moment da – nach meiner Erfahrung ist die ganze Wahrheit über die weibliche Anatomie vielen noch unbekannt, sogar den Aufgeschlossensten von uns.

Auf dem Wochenmarkt begegnete ich meiner Patientin Sandra zusammen mit ihrem Mann Marcello, einem Filmregisseur aus Mailand, der um einige Jahre älter ist als sie. Während Marcello kurz die Tomaten bezahlen ging, flüsterte mir Sandra schnell zu: «Ich muss dich unbedingt etwas fragen, aber das muss unter uns bleiben!»

Sandra war sehr lustig, mit ihr war es nie langweilig. Schon oft haben wir im Untersuchungszimmer so laut gelacht, dass man es bis vor die Tür hören konnte.

«Natürlich, schreib mir nachher!», sagte ich.

Wir verabredeten uns per WhatsApp zum Telefonieren,

und sie rief mich später an, während sie mit dem Hund draußen war. Ich stand in der Küche und kochte gerade Spaghetti bolognese.

«Sheila, du kennst Gott und die Welt. Kennst du auch Prostituierte?»

Um Himmels willen, damit hatte ich nun nicht gerechnet.

«Ein paar wenige schon als Patientinnen, aber ich glaube, die Dunkelziffer ist höher, und man erzählt auch mir als Ärztin nicht alles. Warum?» Ich pustete auf den Kochlöffel, um die Soße zu probieren.

«Ich brauche eine für Marcello.»

Ich spuckte die Soße gerade wieder aus. «Was?! Warum das denn?»

Marcello war zwar älter als sie, aber ein schnittiger italienischer Herr. Früher war er der totale Frauenschwarm gewesen und mit 60 immer noch ein Hingucker – im Vergleich zu anderen in unseren Breitengraden hatte er noch kräftige Haare und keinen Bierbauch.

«Ich ertrage den Sex mit Marcello nicht mehr. Er hat immer wieder Erektionsstörungen. Er ist kein Fan von Oralverkehr, und manuell klappt es auch nicht. Jemand muss es ihm beibringen! Ich habe es versucht, aber ich glaube, das ist ein Fall für Profis!»

Wow. Sie klang verzweifelt. Das musste ernst sein.

«Egal, wie oft ich ihm das zeige, das Fingern beherrscht er nicht, rubbelt immer auf der Klitoris rum, bis ich irgendwann einfach meinen Vibrator hole. Er will mir dann auch helfen, aber er kann damit nicht umgehen. Er schiebt ihn vaginal megatief bis zu den Tonsillen rein. Einmal hat er ihn sogar aus dem Handgelenk gedreht wie beim Tischfußball. Ich musste ihm sanft erklären, dass der Vibrator für die Klitoris ist und nicht für den Gebärmutterhals. Manchmal haben wir danach richtig Streit, und er meinte, das wüsste doch jeder, dass es, wenn eine Frau nicht vaginal zum Orgasmus kommt, einen medizinischen Grund dafür geben muss. Ich sag's ja, da muss ein Profi her!»

«Er hört dir nicht zu?»

«Nicht wirklich. Er fühlt sich dann auch in seiner Ehre gekränkt, und wir kommen nicht weiter.»

Marcello wollte, dass sein Penis ausreicht, um Sandra zu befriedigen, und vielleicht hat ihm nie jemand etwas anderes beigebracht: Der Mythos der sexuellen Überlegenheit des vaginalen Orgasmus über den klitoralen hält sich tapfer, egal, wie aufgeklärt wir angeblich sind. Wenn man erst einmal die Anatomie der Frau richtig verstanden hat (und das tun die wenigsten), weiß man, dass es nicht die primäre Aufgabe der Vagina ist, Orgasmen zu produzieren. Dafür ist die Klitoris da. Die Vagina ist nämlich ein muskulärer Schlauch, der den Penis oder einen Tampon beherbergen kann und auch als Ausgang dient für Periodenblut oder ein Baby. Aber die Hauptrolle spielt die Klitoris, entweder durch direkte Stimulation von vorne, durch Dehnung und Zug der Beckenbodenmuskulatur oder indirekt durch Stimulation von innen über den sogenannten G-Punkt. Jeder weibliche Orgasmus dieser Welt ist klitoral!

Die Anatomie der Frau misszuverstehen, ist nicht nur ein chronisches Problem in der Männerwelt, sondern es umfasst alle Geschlechter und Gesellschaftsschichten – selbst an Universitäten wird die Anatomie der Frau häufig nicht korrekt unterrichtet. Auch ich wurde während meines Medizinstudiums diesbezüglich im Dunkeln gelassen und muss ein Geständnis abgeben: Ich hatte wie meine Kolleg:innen auch lange keine Ahnung vom geheimen Leben der Klitoris und der Vagina und habe erst 2013 davon erfahren.

Die vollständige Anatomie, die Bauweise und der Nervenapparat waren mir bis dahin unbekannt. Wir haben im Medizinstudium nichts darüber gelernt. Auch in der Facharztausbildung zur Gynäkologin waren weder die Klitoris noch die komplette Sexualität der Frau ein Thema. Die Vulva an sich tritt bis heute nur bei Verdacht auf Krebsvorstufen in den Fokus. Die Klitoris wird nur bei seltenen Ereignissen beachtet, wie etwa Verletzungen oder bei extrem seltenen Entartungen. Schwer vorstellbar für Außenstehende, ich weiß, aber das ist die Realität.

Erst als ich in der Praxis anfing, mich mit dem Thema weibliche Verstümmelung zu befassen, stolperte ich über eine kleine Gruppe internationaler Mediziner und Wissenschaftlerinnen, die sich den Mysterien des weiblichen Geschlechts gewidmet hatten. Danach änderte sich mein Verständnis des weiblichen Genitals vollkommen. Jetzt erst verstehe ich, wie und warum es aufgebaut ist, wie es ist, und wie es sexuell agiert und reagiert.

Und da Unwissen der größte Feind deiner eigenen Sexualität ist, ist fundiertes Wissen deine beste Gefährtin. Deshalb bringe ich dich auf meinen Wissensstand, denn deine Anatomie gehört dir, und du sollst wissen, wie und warum alles so ist, wie es ist.

Um zu verstehen, wie wir aufgebaut sind, richten wir unser Augenmerk zunächst auf die eigentliche Rampensau der Sexualität des Menschen: den männlichen Penis. Bleibt bitte bei mir bei diesem Gedankenausflug, denn er ist aus einem wichtigen Grund der Schlüssel zum Verständnis unserer Anatomie: Alles, was der Mann an Ausrüstung hat, haben wir auch, nur anders.

Die Schwellkörper um den Penis sind für die Erektion zuständig. So weit, so gut. Aber Achtung – wir haben die auch! Die Klitoris ist nämlich ein sehr großes, fast komplett im Inneren des Körpers liegendes Organ, mit großen Schwellkörpern, die in die Horizontale gehen. Während der sexuellen Erregung füllen sich diese Schwellkörper mit Blut. Während sich also beim Mann der Penis bei der sexuellen Erregung vertikal aufstellt, ist unsere Klitoris und der Gesamtkomplex namens Bulboklitoralorgan eher introvertiert und breitet sich im Untergrund in die Horizontale aus. Wenn der Penis so was wie der Skyscraper der Genitalien ist, dann ist die Vulva mit ihrem bulboklitoralen Komplex so was wie die U-Bahn.

Jeder Mensch hat einen «aufblasbaren» Phallus: Beim Mann ist er außen und vertikal, bei der Frau innen und horizontal.

Die Fläche der Schwellkörper ist in etwa gleich; es gibt Wissenschaftler:innen, die behaupten, die Gesamtfläche der Klitoris sei größer als die des Penis, aber das nur am Rande. Die Größe ist an und für sich egal. Viel wichtiger ist: Wenn sich bisher wirklich NIEMAND mit der Anatomie des weiblichen Geschlechts befasst hat, wir es nicht mal beim richtigen Namen nennen (wie oft sagen Leute «Vagina», wenn sie «Vulva» meinen?), ist es kein Wunder, wenn es im toten Winkel unserer Wahrnehmung bleibt. Diese sexnegativen Vibes nehmen wir schon als Kind unbewusst wie Flugpollen aus unserer Umgebung auf. Selbst wenn wir liberal und sexpositiv erzogen werden, lernt meiner professionellen Erfahrung nach fast niemand die Anatomie richtig. Daher befassen wir uns im folgenden Abschnitt zunächst einmal mit den Besonderheiten des weiblichen Geschlechts.

Der Big Foot der weiblichen Sexualität: der G-Punkt

Lange stritten sich Wissenschaftler:innen, ob es ihn gibt: den G-Punkt. Inzwischen wissen wir, es gibt ihn, nur handelt es sich eher um eine Zone als um einen Punkt, und diese spielt eine Helferrolle beim vaginalen Orgasmus. Die G-Zone besteht aus Teilen der inneren Klitoris, die mit einem Gefäß- und Nervengeflecht rund um die Harnröhre verwoben sind. Man kann sich das so vorstellen, dass die Klitoris wie ein Cowgirl die Harnröhre und die Vagina mit ihren «Schenkeln» umklammert und die Harnröhre in diesem Bild der Sattel ist. Der G-Punkt ist also gar nicht so mysteriös: Es ist lediglich die Unterseite der Klitoris, die die Harnröhrengegend zu einem weiteren Instrument der Erregung macht. Oft liegt er nicht

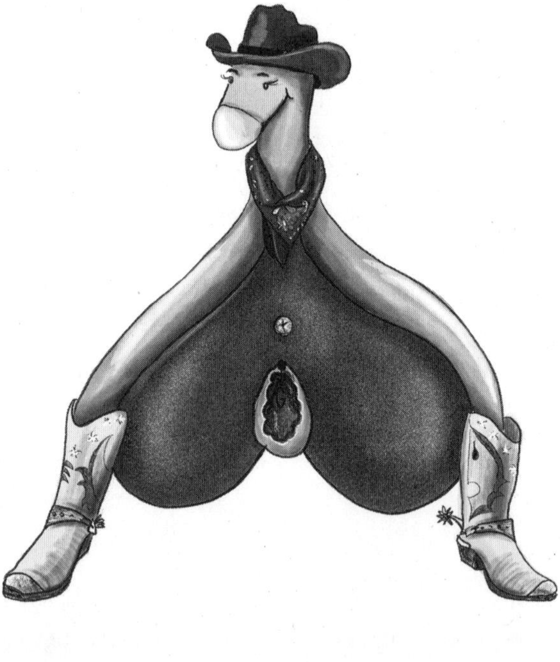

direkt unter der Harnröhre, sondern etwas links oder rechts vom «Dach» der Vagina.

Mittlerweile, beim Kochen der Bolognese ...

«Sheila, das heißt also, auch wenn man rein vaginal zum Orgasmus kommt, ist das eigentlich ein klitoraler Orgasmus?», fragte Sandra.

«Genau», sagte ich. «Jeder Orgasmus entsteht an irgendeinem Teil der Klitoris. Auch wenn es sich anders anfühlt und der Orgasmus-Style intensiver oder weniger intensiv ist, ist jeder Orgasmus klitoral. Basta. Aber viel wichtiger ist, dass Marcello weiß, dass die Vagina an sich als Geburtskanal gar nicht zum Auslösen eines Orgasmus da ist. Du kannst also gar nichts dafür, wenn du beim Rein-Raus nicht kommst – und er auch nicht! Sag ihm das bitte, das wissen die meisten Männer nicht. Stell dir das mal so vor: Wenn ihr beide ein schwules Paar wärt, und du würdest beim Sex den aktiven Part übernehmen ...»

Sandra kreischte vor Lachen. Das liebe ich an ihr, sie lacht schon, bevor die Pointe kommt.

«Du wärst also die penetrierende Person beim Analsex – würdest du Marcello sagen, er muss spontan abspritzen, aber darf dabei seinen kleinen Silvio Berlusconi nicht anfassen?»

«Natürlich nicht!»

«Würdest du ihm sagen, er muss es dennoch erlernen?»

«Nein.»

«Würdest du ihn zum Arzt schicken, weil mit ihm irgendwas nicht stimmt?»

«Sollte ich vielleicht machen, nur aus Rache. Nein, nur Spaß. Ohne Mist, kommen Frauen zu dir, weil sie keinen vaginalen Orgasmus haben?»

«Aber ja!», sagte ich.

Das ist eine weitere traurige Wahrheit: Die Scham, die Frauen begleitet, weil sie angeblich nicht funktionieren, sitzt tief. Und medizinische Angebote, die Vagina zu operieren, Vulvalippen zu verkleinern oder den G-Punkt irgendwie chirurgisch aufzupimpen (was übrigens nicht funktioniert), verstärken das noch.

Das Telefonat mit Sandra war noch nicht zu Ende, aber erst will ich jemanden erwähnen, der oft zu kurz kommt. Er steht im Schatten des Superstars des Sex, der Klitoris, aber ist dennoch ein essenzieller Partner in Crime beim Geschlechtsverkehr.

Dein Partner in Crime beim Sex: der Beckenboden

Der Beckenboden genießt den etwas traurigen Ruf als problematisches Wesen, mit dem man sich lediglich befasst, wenn man über Inkontinenzeinlagen nachdenken muss. Viele verbinden mit dem Beckenboden den Muskelapparat, der für die Kontinenz zuständig ist und nach einer Geburt in Rückbildungskursen wieder fit gemacht werden muss, während man sich aufgrund schlafloser Nächte und auslaufender Brüste ohnehin unsexy fühlt.

Der Beckenboden bildet zum größten Teil eine Art Hängematte, auf der sich die Harnblase und die Gebärmutter ausruhen, das ist aber nur die halbe Geschichte. Es gibt muskuläre Strukturen des Beckenbodens, die eine Etage tiefer sitzen, und zwar auf Höhe der Vulva. Diese haben die besondere Aufgabe, bei Anspannung die Klitoris zu aktivieren. Diese Muskeln sind wahrscheinlich die wichtigsten Muskeln, die man als sexuell aktive Frau kennen sollte, weil sie beim Sex beste Freundschaftsdienste leisten. Hol daher deinen Block heraus und mach dir Notizen:

Deine neuen BFF-Muskeln heißen *Musculus ischiocavernosus* und *Musculus bulbospongiosus*, besser bekannt als Klitoris-Erektoren, und der Name ist Programm: Die Klitoris reitet ja wie ein Cowgirl mit ihren Schenkeln die Harnröhre und die Vagina – und diese Schenkel werden umhüllt von den Klitoris-Erektor-Muskeln (genau wie Chaps, diese Leder-Dinger, die man beim Westernreiten an den Beinen trägt). Sie umschlingen zudem den Klitoriskopf wie ein Lasso (um im Cowboy-Bild zu bleiben). Bei jeder Betätigung der Beckenbodenmuskulatur, sei es willkürlich oder durch einen Orgasmus ausgelöst, wird Blut aus den Schenkeln Richtung Klitoriskopf gedrückt, was ihn anschwellen lässt. Durch die Lasso-Funktion wird zusätzlich die Klitoris nach unten gezogen, was sie Richtung Penis bringt (Yeehaw!). Das kann man mit dem Finger sogar spüren, wenn man am Ansatz der Klitoris die Fingerkuppe aufsetzt und den Beckenboden anspannt.

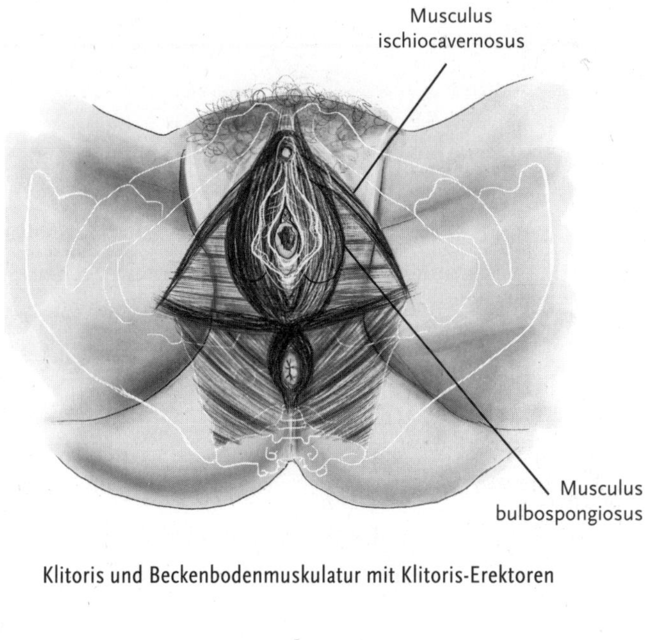

Klitoris und Beckenbodenmuskulatur mit Klitoris-Erektoren

Zusätzlich zur willkürlichen Anspannung dieser Muskeln und dem Orgasmus gibt es noch einen Muskelreflex unserer beiden Cowgirl-Klitoris-Erektoren: Beim Dehnen des vaginalen Eingangs ziehen sich diese Muskeln zusammen. Und: Je mehr sie gedehnt werden, desto stärker ist der Reflex.[14] Jetzt ist es also wissenschaftlich bewiesen, meine Damen: Nicht auf die Penislänge kommt es an, sondern auf den Umfang (wir haben es schon immer gewusst). Und auch der Penis profitiert von diesem Reflex: Das Blut im Penis wird abgedrückt, was zur Erhaltung der Erektion beiträgt.

Die wichtigsten Muskeln für dein Sexleben heißen Klitoris-Erektoren. Sie sind Teil des Beckenbodens und direkt mit der Klitoris verbunden!

Die Symphonie des sexuellen Zyklus

Der Beckenboden ist wie ein Musiker, der mit seinen Instrumenten, den Klitoris-Erektoren, zur Symphonie des sexuellen Zyklus beiträgt. Aber beim penetrativen Sex passieren noch mehr dynamische Dinge mit der Vulva und der Vagina, die wir uns hier kurz anschauen:

- Beim Eindringen drückt der Penis das Blut aus den Schenkeln in Richtung Klitoriskopf. Der Kopf freut sich und schwillt an.
- Beim Herausziehen des Penis fließt das Blut zurück in die Kammer der Schenkel und macht somit die Vagina samt

Eingang enger, was wiederum den Penis freut. Er wird fester, und beim erneuten Eindringen wird das Blut wieder zurück zum Kopf der Klitoris gepresst. Es entsteht ein Pumpmechanismus, der das Blut zwischen den Schenkeln und dem Kopf hin- und herpumpt: eine Art «genitaler Herzschlag». Das fand ich selbst aus wissenschaftlicher Sicht romantisch.

- Die Klitoris, auf für sie typisch mysteriöse Art, verändert ihre Position während des Sex, was ich gleich dir, liebe Leserin, und Sandra (und hoffentlich indirekt auch Marcello) erklären werde.

Zurück in meine Küche …

«Sandra, es ist kein Wunder, dass er auf der Klitoris herumrubbelt und sie nicht findet. Das ist für Außenstehende auch schwer. Die optimale Stelle zur Erregung ändert sich während des Sex, weil sich die Position der Klitoris während des Aktes verändert. Sie schwillt an, und kurz vor dem Orgasmus zieht sie sich sogar unter die Haube zurück.»

«Echt? Wie krass, das habe ich noch nie gehört.»

«Sandra, ich weiß! Das weibliche Geschlecht ist wahnsinnig dynamisch während des Sexzyklus. Warte, ich schicke dir ein paar Bilder …»

Wie wir sehen, schwillt die Klitoris während des Sex an, aber in der Plateauphase zieht sie sich zurück. Ich denke, das wissen die wenigsten Menschen, und ich möchte nicht wissen, wie viele Männer schon in stille Panik verfallen sind, wenn die Klitoris bei der manuellen oder oralen Stimulation plötzlich nicht mehr so einfach zu sehen war. (Falls du dich fragst, wie die Klitoris *während* des Orgasmus aussieht – dazu fehlen immer noch verlässliche Studien. 🙄)

«Wow, das ist echt krass! Wusste ich nicht!», sagte Sandra. «Aber wo ich dich jetzt am Telefon habe – ich soll dich von meiner Freundin was fragen. Sie ist jetzt 48 und meint, sie verliert Pipi beim Sex. Ich habe ihr gesagt, das kann Squirten sein, aber sie hat Angst, sie wird inkontinent, und das ist ihr total peinlich.»

«Nein, das höre ich oft», entgegnete ich. «Viele Frauen erleben erst später im Leben eine Ejakulation.»

«Marcello glaubt, es sei Inkontinenz, weil sein Tennispartner, der Chirurg ist, sagt, das sei Quatsch mit der weiblichen Ejakulation.»

«Nein, das ist Flüssigkeit aus den Skene-Drüsen, die beim Sex rausgepresst wird. Manchmal synchron zum Orgasmus, manchmal vorher. Die sind das anatomische Pendant zu der Prostata des Mannes und enthalten sogar ähnliche Flüssigkeit», erklärte ich.

Die Sexualität der Menschen ist nicht in Stein gemeißelt. Oft werden bei sexuell aktiven Menschen über die Jahre neue

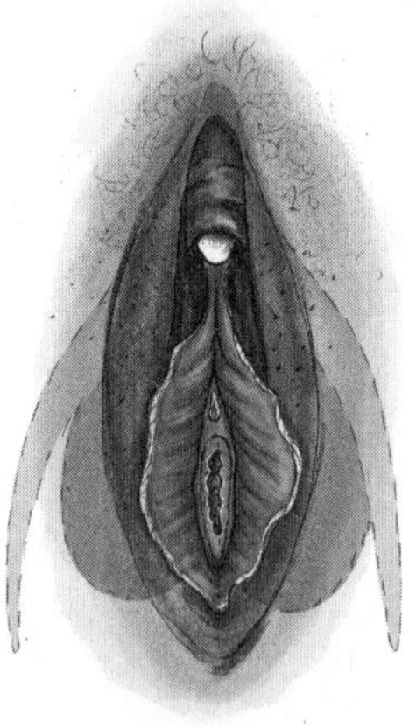
unstimuliert

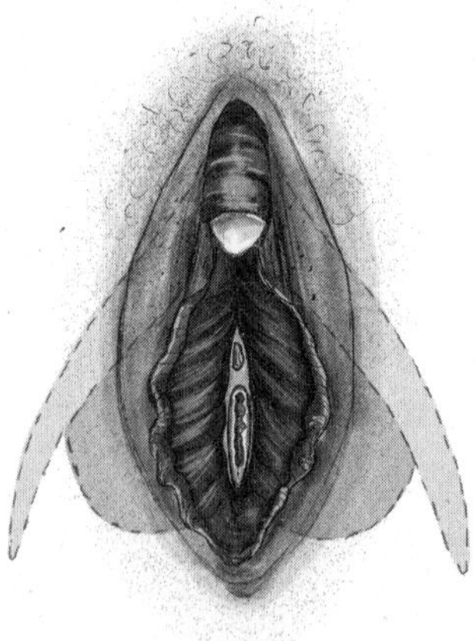
Erregung

Funktionen «freigeschaltet». Ich höre von Frauen über 60, 70 und sogar mit 80, dass sich ihr sexuelles Erlebnis verändert und häufig besser wird anstatt schlechter. Das gibt Hoffnung!

Auch beim Squirten, also der weiblichen Ejakulation, wurde man sich überhaupt erst bewusst, dass man als Frau ein Pendant zur Prostata hat. Es ist zwar noch nicht bei allen in der Medizin angekommen, aber wir haben tatsächlich alle die gleichen Bauteile, nur anders zusammengesetzt. Wir denken an das Hochhaus und die U-Bahn!

Anatomisch sind wir alle gleich ausgestattet, nur anders aufgestellt. Jeder Mensch hat alles!

Wie erklärt man sich das? Die Natur arbeitet sehr ökonomisch, und daher werden erst einmal bei der Befruchtung alle Bestandteile mit in den Topf geworfen, ganz gleich ob Männlein oder Weiblein. Daher hat jedes Geschlecht auch Brustwarzen.

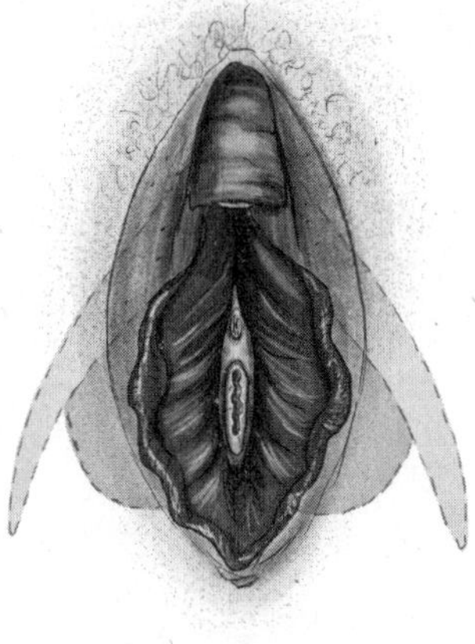

Plateauphase

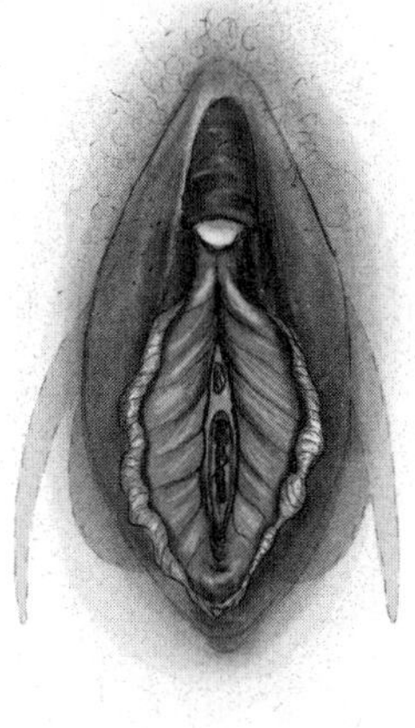

Resolution nach Orgasmus

Die Schwellkörper sitzen entweder am Penisschaft oder um die Vagina verteilt. Man bekommt entweder weiche, später behaarte Vulvalippenhaut oder einen Hodensack. Wenn man diesen näher betrachtet, sieht man eine feine vertikale Linie in der Mitte: Hier wäre die Spaltung für die äußeren Vulvalippen, wenn ein Mädchen anstatt eines Jungen entwickelt worden wäre. Jeder Mensch hat entweder eine Prostata oder Skene-Drüsen, welche für die weibliche Ejakulation sorgen. Und auch wenn wir uns anschauen, wo der Penis aus dem Körper hervortritt, stellen wir fest, dass auch die Klitoris genau dort ihren Ursprung hat.

Nach dem Gespräch mit Sandra legte ich auf und überlegte, was ich ihr noch alles über die Klitoris erzählen könnte, denn es gibt noch mehr spannende Facts. Im kommenden Abschnitt tauchen wir tiefer ein in die Materie, einschließlich der tragischen Geschichte der Klitoris-Entdeckung. Diese liefert die Hintergrundstory, warum heute große Teile der Bevölkerung mehr über ihre Handyfunktionen wissen als über das wichtigste Geschlechtsorgan der Frau.

Und noch was: Du weißt vielleicht aus Biologie, dass wir Sehzellen haben zum Sehen, Geschmacksknospen zum Schmecken und sensible Nervenenden an den Fingerkuppen – aber wusstest du, dass wir Lustzellen haben, die nur dafür da sind, Sexy-Times-Signale ans Gehirn zu schicken? Vermutlich nicht – das wissen die meisten nicht. Wir gehen jetzt ins Archiv der vergessenen Sex-Geheimnisse, pusten den Staub vom ersten Buch und schauen uns an, was schon ewig vergraben liegt.

Herr Krause und die Lust, oder: die Klitoris als «Tastorgan des Sex»

1867 entdeckte der deutsche Anatom Wilhelm Krause, dass es spezielle Zellen für die Aufnahme von sexuellen Reizen im weiblichen Genital gibt. Dieser sensationellen Entdeckung verlieh er den denkbar langweiligen Namen «Krause-Körperchen». Manchmal werden sie in der Literatur «Pleasure Bodies» genannt, was sie deutlich besser charakterisiert. Diese Mini-Berührungssensoren nehmen sexuelle Impulse auf und schicken sie ans Gehirn. Werden sie ausreichend und im richtigen Kontext stimuliert, kann ein Orgasmus ausgelöst werden (Funfact: Die Explosion des Orgasmus findet im Gehirn statt, nicht im Unterleib). In der Antike hat man deshalb die Klitoris auch als «Tastorgan des Sex» bezeichnet.

Die Sensoren sind unterschiedlich verteilt; die dichtesten Konzentrationen finden sich an der Eichel der Klitoris, auf der Vorhaut der Klitoris, an den kleinen Vulvalippen und direkt im vaginalen Eingang. Sie befinden sich aber auch an den Brustwarzen, im Analkanal und sogar im Bauchnabel. Als ich das gelernt habe, musste ich sofort an den TV-Werbespot für Schöfferhofer Weizen denken mit der Französin, die sich nach der Nacht mit ihrem deutschen Harald wünscht, dass er ihr etwas von sich per Post schickt: «Bitte eine Flasche von die Bier, was so schön hat geprickelt in mein Bauchnabel» – in diesem wunderbaren französischen Akzent, bei dem jeder deutsche Mann sofort die Grammatikfehler verzeiht. (Harald ist in dem Werbespot aber leider uncharmant pragmatisch und schickt ihr per Post die ausgetrunkene Flasche Schöfferhofer, die sie dann vermutlich zum Leergut bringen darf. Mon Dieu!)

Die Pleasure Bodies verhalfen der Klitoris schließlich zu Ruhm als einzigem Organ des Menschen, das nur zu unserem sexuellen Vergnügen existiert. Ein Hoch auf Herrn Krause!

Die Klitoris: das erste Opfer der Cancel-Culture

Aber der arme Herr Krause – seine revolutionäre Arbeit geriet schnell in Vergessenheit. Als er im 19. Jahrhundert die Pleasure Bodies entdeckte, war das mitten im viktorianischen Zeitalter, als das gesamte Thema Sexualität verpönt war. Kurze Zeit später behauptete Sigmund Freud als Influencer seiner Zeit, der klitorale Orgasmus sei «unreif» und im Erwachsenenalter sollte der Orgasmus zur Vagina «umziehen» (was bis heute Störgeräusche in der Beziehung eines sonst modernen Paars wie Sandra und Marcello verursacht). Wirf in diese sexnegative Suppe noch eine gute Prise Moral und Verteuflung der Frau als sexuelles Wesen (in manchen Breitengraden durch die katholische Kirche), und das Desaster ist perfekt: Von der weiblichen Anatomie wurden aus der Literatur nach und nach immer mehr Bestandteile gelöscht. Die Klitoris war das erste Opfer der Cancel-Culture – die machte auch vor der Medizin nicht halt:

Das Verschwinden der Klitoris aus den medizinischen Werken lässt sich eindrucksvoll anhand von *Gray's Atlas der Anatomie* zeigen, quasi der Duden aller Medizinstudent:innen. Hier können wir gut nachvollziehen, wie die Karriere der Klitoris erst verblasste und dann vollkommen zum Erliegen kam:

- In der Ausgabe von 1858 wurde die Klitoris noch mit Innenleben und Eichel gezeigt.
- In der Ausgabe von 1901 sah man nur noch einen Knopf, der als Klitoris bezeichnet wurde.
- In der 25. Auflage von 1948 existiert die Klitoris gar nicht mehr in *Gray's Atlas der Anatomie.*

1998 wurde die Klitoris samt ihrer unterirdischen Strukturen von der Urologin Helen O'Connell wiederentdeckt und fand

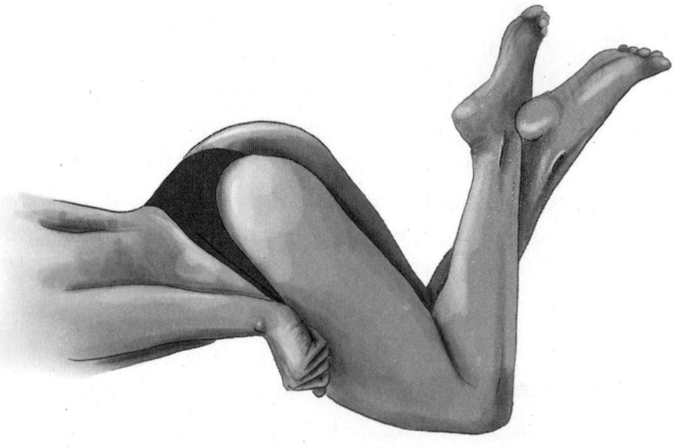

nach und nach ihren Weg zurück in die Medizinliteratur – Jahrzehnte nach der Mondlandung. Unfassbar.

2016 feierte die Klitoris endlich ihr Comeback in *Gray's Atlas der Anatomie,* aber ohne Krause-Körperchen. Somit lernt vermutlich noch heute kein Mensch im Studium etwas darüber. Die Klitoris bleibt eins der Stranger Things in der Medizin.

Der Survival-Plan für die Klitoris – auch jenseits der Wechseljahre

Die gute Nachricht ist: Das Ganze ist der Klitoris und ihren Pleasure Bodies egal. Diese leisten ihre Dienste, zusammen mit anderen Teilen der Erregungs-Crew wie 8000 Nervenendungen. (Der Penis hat nur 400! Echt crazy.) Die Pleasure Bodies werden empfindlicher unter dem Einfluss unserer weiblichen Hormone Östrogen und Testosteron. Durch den

Hormonmangel während der Wechseljahre nimmt die Sensibilität der Pleasure Bodies oft ab und erholt sich erst wieder bei Anwendung einer vaginalen Hormoncreme (mehr dazu im zweiten Teil).

Die Wissenschaft hat hierzu Faszinierendes festgestellt: In den tieferen Hautschichten treten die Pleasure Bodies stärker hervor, wenn die oberflächlichen Zellen an Sensibilität einbüßen.[15] Anders gesagt: Wenn die hormonelle Versorgung nachlässt, gibt die Klitoris nicht ohne Kampf auf. The show must go on.

Diese Entdeckung stellt unser gesellschaftliches Narrativ auf den Kopf: Frauen *sollen* jenseits der Menopause sexuell aktiv bleiben, das ist kein Zufall, sondern von der Natur *gewollt*. Die Natur hat einen Back-up-Plan entwickelt, damit wir auch jenseits der Wechseljahre Sex haben wollen, weil er offenbar nicht lediglich zur Fortpflanzung dient.

Angesichts unserer verlängerten Lebenserwartung und einer längeren Gesundheitsspanne – wir bleiben heute deutlich länger körperlich fit als die Generationen vor uns – benötigt die Natur bei zunehmendem Alter Support aus der Apotheke, um eine gute sexuelle Funktion konstant aufrechtzuerhalten. Viele brauchen Hormone, die aber nicht bedenklich oder gar gefährlich sind, sondern natürliche Substanzen, die wir ersetzen sollten (viel mehr dazu später, versprochen!).

Jetzt hast du sehr viel gelernt über die Soft- und Hardware unserer Sexualität. Du darfst dir auf die Schulter klopfen – du weißt bestimmt mehr als die meisten Menschen. Nun fehlt nur noch eins, damit die Hardware mit der Software funktioniert, und zwar etwas, das unser sexuelles Erlebnis auf ein neues Level katapultieren kann, nur zu vergleichen mit dem Sprung vom Internetmodem von 1998 zum Highspeed-WLAN im 21. Jahrhundert: Testosteron.

4.

Testosteron als weiblicher Kaminanzünder

Love Potion Number 9. Absinthe. Spanische Fliege. Austern. Die Suche nach einer Substanz, die die weibliche Lust entfachen soll, ist, glaube ich, älter als die Suche nach dem Heiligen Gral. Die Pharmaunternehmen haben nicht geschlafen und zweistellige Millionenbeträge investiert, um eine Art «Viagra» für die Frau zu entwickeln. In der Tat ist deutlich mehr Geld in die Entwicklung einer weiblichen «blauen Pille» geflossen als in die gesamte Forschung über Frauengesundheit überhaupt! Eins der ersten Präparate hieß Addyi, mit dem Wirkstoff Flibanserin, und kam 2015 trotz Bedenken seitens der amerikanischen Arzneimittelaufsichtsbehörde FDA auf den Markt. Zunächst euphorisch von den Aktionären der Pharmafirma gefeiert, war die Enttäuschung recht bald groß und die Gesichter der Aktionäre sehr lang: Addyi führte im Durchschnitt zu einem halben Geschlechtsakt mehr pro Monat und wurde dafür von heftigen Nebenwirkungen begleitet.[16] Ein zweites Präparat, das derzeit nur in den USA erhältlich ist, heißt Vyleesi. Dabei handelt es sich um eine Injektion, die man sich 45 Minuten vor dem Sex geben muss, aber nicht mehr als achtmal im Monat. Erste Studien zeigen schon eher Wirkungen auf die Lust, aber auch ein recht hohes Nebenwirkungsprofil, mit einer 40-prozentigen Chance für Übelkeit.[17] Also, Sex mit Kotztüte neben dem Bett. Nein danke.

Die Pharmaunternehmen ringen also nach wie vor mit den Händen. Die Aktionäre wollen Ergebnisse. Patientinnen wurden und werden vertröstet mit dummen Lösungsvorschlägen wie Rotwein oder neuen Dessous.

Und es wäre tatsächlich witzig, wenn es nicht so traurig wäre: Die Antwort lag die ganze Zeit so nah und ist ebenso easy wie günstig: Es gibt ein Hormon, das die Lust steuert, und zwar bei allen Geschlechtern, und dieses Hormon heißt Testosteron.

Testosteron ist eine der ältesten Substanzen dieser Welt, sicherlich einige Millionen Jahre alt. Es war schon immer das Hormon, das das Sexualverhalten aller Wirbeltiere und auch einiger Wirbelloser steuerte.[18] Es wird sogar vermutet, dass selbst Dinosaurier Östrogen, Progesteron und Testosteron hatten, wie viele andere Tiere, klein und groß.[19] Auch wenn wir bisher nicht sicher wissen, warum die Dinosaurier ausgestorben sind, wird es wohl nicht an Desinteresse oder Libidostörung gelegen haben. Ich persönlich vermute, dass Testosteron und Östrogen existieren, seitdem das erste Wesen seine blinden Augen im dunklen Ozean öffnete und irgendwie den Drang verspürte, an Land zu krabbeln – vielleicht suchte es dort einfach seine bessere Hälfte.

Testosteron wird bei Männern im Hoden und bei Frauen in den Eierstöcken produziert, und bei beiden zum Teil auch in der Nebenniere (ein kleines Organ, das wie eine Beanie oben auf dem Kopf der Nieren sitzt). Um zu verstehen, warum unsere Sexualhormone nicht nur für Sex da sind, ist es wichtig, sich anzuschauen, wo überall im Körper sich spezifische Rezeptoren befinden. Rezeptoren sind im Prinzip Andockstellen für Hormone. Überall, wo es Rezeptoren im Körper gibt, gibt es etwas zu tun für Hormone. Man kann sich das wie eine EC-Karte und einen Bankautomaten vorstellen: Wenn die zwei aufeinandertreffen, passieren, ohne dass wir es sehen, viele Dinge, viele Veränderungen innerhalb der Zelle (oder auf deinem Bankkonto). Da die Natur ökonomisch ist und Ordnung liebt, gibt es keinen Rezeptor zu viel und jemals zufällig.

Alle Menschen unabhängig vom Geschlecht haben Testosteronrezeptoren im Gehirn, und zwar im Hippocampus – das Zentrum für Lernen und Gedächtnis –, in der Amygdala – für die Verarbeitung von Emotionen und die Anwendung der Emotionen auf andere Teile im Gehirn – und im Frontallappen – zuständig für Entscheidungen und Verhalten. Daher bestimmt Testosteron nicht nur, ob wir Lust haben, sondern alle Aktionen und Verhaltensweisen, die mit dem für uns attraktiven Geschlecht zu tun haben, oder aber auch mit dem Beseitigen der Konkurrenz, ganz besonders bei Männern.

Testosteronrezeptoren sind aber auch an vielen anderen wichtigen Stellen zu finden, wie in Knochen, Gefäßen, Muskeln und auch in einer überwältigenden Anzahl auf dem Penis und dem weiblichen Geschlecht – Vulva, Klitoris und Vulvalippen, überall. Sie sind unter anderem für die Durchblutung zuständig und helfen dabei, die Genitalien frisch und strahlend zu halten, eager to please.

Obwohl uns bewusst ist, dass ein Lustmangel niemals nur einem isolierten Mangel an Testosteron geschuldet ist und dass viel, viel mehr dazugehört, wissen wir Hormonspezialist:innen: Wo Lust, da Testosteron. Ohne jegliches Testosteron hingegen ein Feuer entfachen zu wollen, ist, wie einen Baumstamm mit einem Feuerzeug anzünden zu wollen. Das gelingt vielleicht irgendwann, aber es ist sehr, sehr schwer. Testosteron ist der Mutterboden, die Ursuppe, aus der heraus Lust überhaupt die Chance hat, sich zu entwickeln. Testosteron, seine Wahnsinnseffekte auf unser Gehirn und die Lage seiner Rezeptoren sind der Schlüssel zum Verständnis unseres sexuellen Verhaltens. Testosteron ist der Treibstoff, den wir brauchen, um unser Gehirn und unseren Geist aus einem nicht erregten Alltagszustand in einen erregten, sexuell fokussierten Zustand zu bringen. Das betrifft alle Menschen, ob weiblich, männlich oder nichtbinär.

Viele medizinische Kolleg:innen glauben, dass eine Frau kein Testosteron «braucht», obwohl unsere Eierstöcke es produzieren. Traurigerweise sind es nach meinen Erfahrungen oft genau diese Kolleg:innen, die ein neues, heiß beworbenes Produkt wie Addyi trotz Nebenwirkungsprofil ohne Weiteres verordnen würden. Sie wollen sich medizinisch auf der vermeintlich sicheren Seite wähnen, und wer kann es ihnen verdenken? Die weibliche Sexualität und Lustentwicklung ist – wie so viele andere Themen, die das Leben von Frauen betreffen – im Medizinstudium und in der Facharztausbildung nicht Gegenstand der Lehre. Wir haben weder viel über Sex erfahren noch insgesamt über Hormone und über sexualtherapeutische Themen schon mal gar nichts. Anders gesagt: Wenn du keine Lust auf Sex hast, weiß dein Gynäkologe vermutlich auch nicht, woran das liegen könnte, weil er es nicht gelernt hat und daher schlicht die falsche Adresse ist. Bedauerlicherweise geben nicht alle Kolleg:innen zu, etwas nicht zu wissen, und verteilen stattdessen lieber gut gemeinte Ratschläge, wie ein Glas Wein zu trinken, Stress zu vermeiden, sich einen neuen Partner zu suchen oder den Libidoverlust einfach so zu akzeptieren.

Dabei ist die wissenschaftliche Datenlage zur Anwendung von Testosteron bei Frauen keineswegs unklar. Es gibt jede Menge Studien, die die positiven Effekte von Testosteron für Frauen einwandfrei belegen.[20] Es handelt sich dabei also keineswegs um eine experimentelle Therapie, sondern um eine Behandlung mit Hand und Fuß, die wir uns in Kapitel 5 sehr genau anschauen werden. Und die Therapie ist nicht nur für Härtefälle oder Ausnahmen reserviert, sondern kann, ähnlich einer Vitamin-D-Gabe, bereits bei niedrigem Spiegel eingesetzt werden. Aber ich eile voraus – zu den Einzelheiten der Therapie und wie du sie erlernen und für dein Leben einsetzen kannst, kommen wir später.

Woher weiß ich, dass meine fehlende Lust ausgerechnet an Testosteronmangel liegt? Und bekommen das nicht nur Frauen, die jenseits der Wechseljahre sind? Nein. Phasen des Lustmangels können nämlich bereits eintreten, obwohl wir noch regelmäßig unsere Periode haben, wenn wir merken: Das bin ich nicht. Ich war nie so. Wo ist meine Lust bloß hin? Nachlassende Lust kann ja viele, diverse Faktoren haben, wie wir in Kapitel 2 gelernt haben: Wenn zu viel auf die «Bremse» drückt, wenn wir uns keine Zeit für Sex nehmen, wenn wir krank sind, wenn wir zu viel Stress haben, wenn es in der Beziehung gerade kriselt – das leuchtet auch ein. Aber es gibt weniger Lust, und es gibt *fehlende* Lust. Fehlende Lust ist nicht nur eine schwache Batterie: Der Akku ist auf null, das Handy schaltet sich ab. Man merkt im Inneren, dass etwas nicht stimmt. Man liebt den Partner, findet ihn oder sie richtig toll, und es hat nichts mit der Partnerschaft zu tun. Man ist bestenfalls schwer erregbar, und der Körper gibt einem Rätsel auf: Warum reagiert meine Klitoris so gelangweilt auf Berührungen? Warum gleicht mein Orgasmus, der früher gerne mal dramatische Windstärke 7 hatte, jetzt eher einer seichten Brise, die auch noch sehr lange auf sich warten lässt? Es liegt nicht an dir – ich höre das hundert-, tausendfach, und es lässt sich oft ganz leicht erklären.

Wir Frauen brauchen keinen Rotwein, wir brauchen nicht unbedingt einen neuen Partner, wir brauchen auch keinen Dauerurlaub in der Karibik, um eine gesunde Libido zu entfalten: Wir Frauen brauchen Testosteron – deshalb stellt es unser Körper ja her. Die Menge ist im Vergleich zu Männern deutlich kleiner, aber sie ist da.

Und Testosteron ist nicht nur wichtig für unsere Libido, sondern auch für unsere Stimmung, den Antrieb, die Muskelkraft und die Energie. Testosteron hilft außerdem enorm beim Erhalt der Muskulatur und bei der Stärkung der Knochen, was sehr wichtig zur Vermeidung von Knochenbrüchen und Gebrechlichkeit im Alter ist.

Die Charlie's Angels der Hormone

Hier ein kurzer Recap aus meinem Buch *Woman on Fire*: Unsere drei weiblichen Hormone Östrogen, Progesteron und Testosteron entsprechen vom Wirkprofil und ihrer Personality her den drei Engeln für Charlie:

Östrogen ist in diesem Bild Drew Barrymore: weiblich, schnell verliebt, üppige Kurven. Es wird am meisten in der ersten Zyklushälfte produziert und ist zuständig für die Vorbereitung der Gebärmutter auf das Einnisten des befruchteten Eis. Östrogen tut aber viel, viel mehr, und es auf ein reines Fortpflanzungshormon zu reduzieren, wäre wissenschaftlich nicht besonders schlau, denn Östrogen hat im gesamten Körper Rezeptoren, also Aufgaben, ähnlich wie Testosteron auch. Aber das ist ein Thema für ein anderes Mal.

Progesteron ist unser Chill-Hormon, das uns Gelassenheit und tiefen Schlaf beschert. In unserem Vergleich ist es Cameron Diaz, weil sie in dem Film sehr lässig ist, entspannt, ein California Girl, immer am Strand mit einem Surfbrett unter dem Arm. Progesteron wird nach einem erfolgreichen Eisprung in der zweiten Zyklushälfte produziert.

Und Testosteron ist der dritte Engel – no-nonsense, badass Lucy Liu, die stark ist und sich katzengleich bewegt, weiß, was sie will, und hart zuschlägt, wenn es darauf ankommt. Testosteron ist für die Libido, aber auch für die Muskelkraft, klares Denken, Entscheidungsfreude und für den Antrieb und Energiehaushalt zuständig. Wenn du mein Buch *Woman on Fire* zur Hand hast und es eben noch mal genauer nachlesen willst, nur zu – ich warte solange.

Die Bedeutung von Testosteron für uns wird umso klarer, wenn wir betrachten, wie viel Testosteron wir im Vergleich zu Östrogen im Körper haben:

Unser Östradiol kann sich zwischen 40 und 500 pg/ml bewegen, während Testosteronwerte zwischen 200 und 800 pg/ml als normal gelten!

Dies ist ein Fakt, dem seltsamerweise nicht viel Beachtung geschenkt wird, vermutlich weil etwas Testosteron auch in Östradiol umgewandelt wird und weil viel Testosteron im Körper an ein Protein namens SHBG gebunden wird und damit inaktiv ist. Dennoch: Testosteron ist ein Allrounder-Menschenhormon, das in fast allen Zellen im menschlichen Körper seine Finger im Spiel hat.

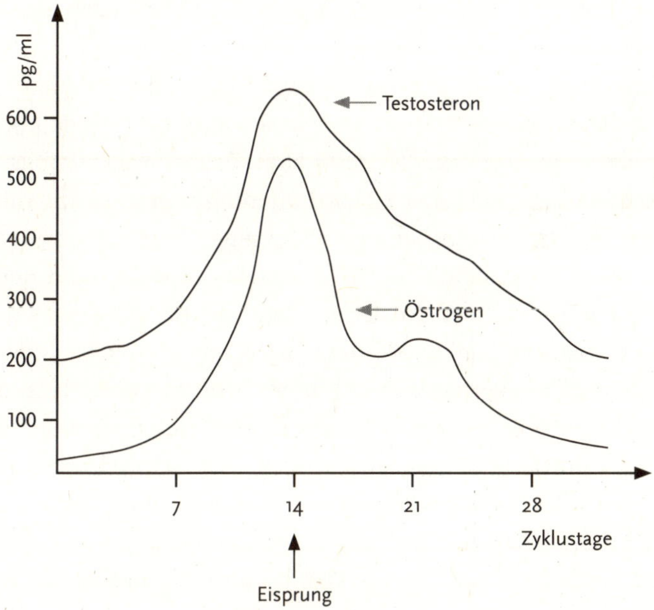

Zyklus mit Testosteron-Peak

Testosteron wird im Tandem mit Östrogen produziert und hat bei einem regulären Zyklus gemeinsam mit Östrogen um den Eisprung herum einen Höhepunkt. Daher berichten viele Frauen davon, ihren Eisprung zu merken, weil sie plötzlich überall Männer sehen, die sie interessieren könnten, die ihnen sonst nicht wirklich auffielen, wie der DHL-Kurier oder der Gärtner. Umgekehrt ist es so, dass, wenn Testosteron fehlt, das erhebliche Wirkung auf unsere emotionale Welt haben kann, da die Gehirnanteile, die viele Testosteronrezeptoren haben, nun unterversorgt sind. Testosteronmangel kann viele Gründe haben, die wir jetzt näher anschauen:

1. Du hattest eine Eierstockentfernung.

Testosteron wird, wie wir inzwischen wissen, in den Eierstöcken (und ein kleiner Anteil auch in der Nebennierenrinde) produziert. Bei einer operativen Entfernung der Eierstöcke kommen die Veränderungen schlagartig, gerade wenn die Eierstöcke vorher noch gearbeitet haben, also die Periode noch regelmäßig oder unregelmäßig kam. Früher war es üblich, die Eierstöcke bei einer Gebärmutterentfernung gleich mitzuentfernen, gerade bei abgeschlossener Familienplanung. In vielen deutschen Kliniken wurde das gepusht, nach dem Motto «Was nicht mehr da ist, kann nicht mehr entarten», wer also keine Eierstöcke mehr hat, kann keinen Eierstockkrebs mehr bekommen. Hochinteressant: Mittlerweile weiß man, dass Eierstockkrebs in den fächerförmigen Enden der Eileiter entsteht, in den sogenannten Fimbrientrichtern, und nicht in den Eierstöcken selbst. Daher zieht man heute zur reinen Risikoreduktion lediglich eine Entfernung der Eileiter und Fimbrientrichter in Erwägung und rettet den Eierstock. Dennoch war es jahrelang eine übliche Praxis, «alles rauszunehmen». Dass Eierstockkrebs superselten ist und Frauen hingegen massive Probleme in ihren 40ern bekommen, wenn sie plötzlich ohne Eierstöcke aufwachen, war nicht wirklich eine Diskussion wert und ist es in vielen Ländern dieser Welt immer noch nicht. (Man stelle sich vor, man würde das bei Männern so machen: «Herr Jagger hat ja schon 8 Kinder, da braucht er seinen Hoden nicht mehr!» Kriminell finde ich das. Furchtbar.)

Wenn du schon in der Menopause bist (also deine letzte Periode länger als 12 Monate her ist), kann es sein, dass du nach einer Eierstockentfernung keine Veränderung oder Verschlechterung bemerkst. Aber Achtung: Die Aussage, du dürftest «gar nichts» mehr bemerken, weil der Eierstock «funktionslos» geworden sei, halte ich für falsch. Nur weil ein Eierstock seit 12 Monaten keinen Mucks von sich gegeben hat, heißt das für die Zukunft keinesfalls, dass nie wieder etwas passiert. Im Gegenteil: Viele Eierstöcke versprühen nach Monaten wieder Funken, wenn auch unregelmäßig. Die veraltete Vorstellung, dass ein Eierstock nach der letzten Periode für immer in Rente geht, ist auch so ein Mythos, der sich nur schwer ausrotten lässt. Viele Patientinnen berichten auch jenseits der Menopause, dass sie nach einer Eierstockentfernung plötzlich Symptome bekamen oder vermehrt bemerkten, wie zum Beispiel Hitzewallungen.

2. Deine Eierstöcke arbeiten nicht mehr einwandfrei.

Wenn das einige Monate so ist, sinkt der Testosteronspiegel langsam ab; man merkt es nicht zwingend sofort, es schleicht sich eher leise an. Das kann in deinen 40ern passieren oder später. Grundsätzlich kann man davon ausgehen, dass ein Testosteronmangel möglich ist, sobald man in der Perimenopause ist. Nur weil du noch regelmäßig deine Periode bekommst, heißt das nicht zwingend, dass bei dir alles in Ordnung ist. Die meisten Frauen haben bereits erste Symptome von Hormonmangel, bevor ihre Periode unregelmäßig wird!

Wenn man postmenopausal ist und die Eierstöcke ihre Arbeit eingestellt haben, reicht das Testosteron von der Nebennierenrinde schließlich oft hinten und vorne nicht aus. Die Symptome können neben Libidostörungen auch Gehirnnebel (der sogenannte Brain Fog) sowie Antriebslosigkeit, Depressionen, fehlende Muskelkraft und Genervtsein von der Umgebung sein.

3. Du verwendest hormonelle Verhütungsmittel oder nimmst klassische Hormonersatz-Tabletten.

Die hormonellen Auswirkungen der Pille, einer Hormonspirale oder einer Hormonersatz-Kombi-Pille sind oft extra darauf ausgerichtet, Testosteron zu blocken, zum Beispiel bei unreiner Haut oder Haarausfall. Das kann dazu führen, dass deine Lust sich verabschiedet. Auch bei einer oralen Hormonersatztherapie mit einem Gestagen, das verspricht, Haarausfall zu stoppen, werden die Androgene – also vermeintlich «männliche» Hormone – im Körper blockiert.

4. Du hast anhaltenden Stress.

Bei Dauerstress wird in der Nebenniere viel Cortisol produziert. Das führt dazu, dass die anderen Steroidhormone (Sexualhormone sind Steroidhormone) weniger gebildet werden, folglich auch weniger Testosteron. Das ergibt biologisch durchaus Sinn: Wer um sein Überleben kämpft, soll keine Energie mit Fortpflanzung verschwenden. Dass das Kämpfen eher auf der Arbeit oder bei der Überlastung im Alltag stattfindet und nicht mehr in der Steinzeit, weiß der Körper ja nicht. Auch schlaflose Nächte führen zu einem erhöhten Cortisolspiegel, der bei der Libido oft seinen Tribut fordert. Und auch – surprise, surprise – extensives Kardiotraining wie HIIT (Hochintensives Intervalltraining) oder Langstreckenläufe erhöht auf Dauer den Cortisolspiegel. Der Killer ist dann, wenn man on top zu wenig Schlaf bekommt: Um 5 Uhr morgens den Wecker stellen, um nach 6 Stunden Schlaf zu joggen? Das stresst den Körper zusätzlich. Das führt auf Dauer übrigens eher zu Gewichtszunahme anstatt zur -abnahme! Doch die verminderte Produktion von Testosteron wirkt sich nicht nur auf unseren Muskelaufbau negativ aus, sondern verändert durchaus auch unsere Psyche.

Es ist schon beeindruckend, zu sehen, wie sehr sich unsere Sicht auf unsere Umgebung verändert, wenn wir zu wenig Testosteron haben. So wie bei Carla, 52. Carla stammt ursprünglich aus Puerto Rico und ist Zumba-Trainerin. Sie ist sehr temperamentvoll und lustig und liebt ihren Mann Viktor, einen IT-Experten, eigentlich sehr. Daher habe ich erst gar nicht verstanden, von wem sie redete, als mich eines Abends diese WhatsApp erreichte:

Ich will ihn umbringen.
In einen Teppich rollen
und die Leiche verstecken.

???

Viktor
Wie er schon dasitzt und isst.

Das war sehr ungewöhnlich, denn ich wusste, sie hatten eigentlich eine tolle Beziehung. Beide waren in zweiter Ehe verheiratet, hatten sich gesucht und gefunden.

Carla

Was denn

Tranquilo. Wann war deine letzte Blutung?

Vor 8 Monaten.

Wie ist denn dein Schlaf?

Sehr schlecht. Ich schlafe gut ein,
dann werde ich von seinem
idiotischen Schnarchen wach.

Und deine Libido?

Scheiße. Shit. Mierda.
Keinen Bock ☹

Ich schrieb ihr, sie solle am nächsten Tag zu mir in die Praxis kommen. Als wir zusammensaßen, erzählte sie, dass ihre Libido, wenn sie so recht überlege, seit Monaten auf dem absteigenden Ast war. Auch Selbstbefriedigung brachte ihr keinen rechten Spaß, und bis zu einem Orgasmus war es echte Arbeit. Außerdem bemerkte sie, dass ihre Muskeln sich trotz Gerätetraining nicht weiter aufbauen ließen, sondern sogar etwas schlaffer waren als sonst. Und sie hatte einen kleinen Bauchansatz bekommen. Sie, die nur Sport macht! Das alles klang für mich doch sehr nach einem Testosteronmangel. Das passt auch zum Zyklus: Wer über 45 ist und über Monate keine Periode hat, kann fast davon ausgehen, dass die Eierstöcke in dieser Zeit nicht optimal arbeiten. Das führt zu allen möglichen Problemen, wie Testosteronmangel, aber möglicherweise auch zu Östrogen- und Progesteronmangel. Die Gereiztheit könnte zum Beispiel zu wenig Östrogen geschuldet sein und der schlechte Schlaf zu wenig Progesteron.

In der Tat: Carlas Testosteronwert war kaum noch messbar, und die anderen Hormone sahen nicht besser aus.

Ich besprach mit ihr eine Therapie, die sie ausprobieren sollte. Wie niedrig solche Werte sein können und wie eine solche Therapie aussehen kann, erfahren wir in allen Details in

Kapitel 5. Jedenfalls erhielt ich nach ein paar Wochen abends die nächste WhatsApp:

😌 Danke dir xxx

Wofür?

Bei uns ist alles wieder gut 🤗!

Ich traf Carla wenig später zufällig auf einem Stadtfest, und sie erzählte mir, dass sie schon nach ein paar Tagen einen Unterschied bemerkt hatte: Ihre Laune wurde besser, der Schlaf deutlich tiefer, und als Viktor eines Tages heimkam und schwere Getränkekisten hereintrug, sah sie ihn an und dachte: Ay – papi chulo. Das ist puerto-ricanisch und heißt in unseren Breitengraden etwa: Sexy. Männlich. Will ich haben.

«Wahnsinn», sagte sie. «Mit dem Mindset hätte ich sicherlich irgendwann die Scheidung eingereicht. Mich hat allein die Tatsache genervt, dass er ausgeatmet hat.»

Solche Szenarien höre ich sehr, sehr oft, und ich finde es immer wieder beeindruckend, was für einen Einfluss die Hormone auf unsere Emotionen und unser Verhalten haben.

Natürlich tickt hier jede anders: Jede Einzelne von uns hat ihren eigenen hormonellen Fingerabdruck. Manche Frauen werden bei gleichen Werten mehr von Schlafmangel und Hitzewallungen belastet, aber haben eine für sie normale Libido. Gerade in der Perimenopause, in der Zeit, wenn die Periode unregelmäßig kommt, können sich Zeiten hormoneller «Dürre» mit hormonellen «Starkregenfällen» abwechseln. Die verhältnismäßig hohen Ausschüttungen von Östrogen und Testosteron können zu ungeahnten Libidoschüben führen, was manche Frauen und ihre Partner selbst überrascht.

Mögliche Anzeichen von Testosteronmangel

- Libido fehlt oder ist sehr schwach
- Lange Aufheizphase bei Sex, bis man feucht oder ausreichend erregt ist
- Orgasmen sind schwach oder sehr schwer erreichbar
- Erschöpfung, oft schon morgens
- Genervtsein von allen und jedem
- Depressive Phasen, sozialer Rückzug
- Pessimistische Grundhaltung (mehr als sonst)
- Keine Sexträume mehr
- Klitoris wird kleiner
- Klitoris verliert an Empfindlichkeit[21]
- Muskeln bauen sich nicht gut auf beim Training und bauen sich schnell in trainingsfreien Zeiten wieder ab
- Brain Fog, kognitive Schwächen[22]
- Zunahme an Bauchfett

Wenn man in einer Langzeitbeziehung bereits entfremdet ist, kann das neues Leben in die Bude bringen.

Da aber die Hormone einen mächtigen Einfluss auf unsere Emotionen und unser Verhalten haben können, kann das auch zu manch leichtsinniger Entscheidung führen, gerade wenn Testosteron unseren Verstand komplett vernebelt, was hin und wieder vorkommt. Diese Erfahrung hat Sandra machen müssen, die wir bereits in Kapitel 3 kennengelernt haben.

Sandra kam zum Termin bei mir in die Praxis, setzte sich mir gegenüber und druckste wegen irgendwas rum. Sie müsse mir was erzählen, sagte sie.

«Raus mit der Sprache», sagte ich. Ich dachte, jetzt hat sie es wirklich getan und für Marcello eine Dame der Nacht als Lehrerin angeheuert.

«Hast du schon mal etwas Verbotenes gemacht?», fragte sie mich mit rotem Kopf.

Oje. Was kam jetzt?

«Er heißt Heinrich und ist Handelsvertreter für Gardinen.»

Sie vergrub ihr Gesicht in den Händen. Sandra besaß ein Geschäft für Inneneinrichtung. Er besuchte sie öfter und verkaufte ihr Gardinen, so der Plan. Eines Tages fand sie ihn aber … netter als sonst. Er hörte zu, sie fühlte sich gesehen. Er war so gar nicht ihr Typ, klein, übergewichtig, verschwitzt, aber trotzdem sehr charmant und wortgewandt.

Jedenfalls ist sie eines Tages zu einer Inneneinrichtungsmesse nach Paris gefahren, natürlich mit Hotelübernachtung, und wer war zufällig auch da – Heinrich.

Ganz abgesehen davon, dass mir jegliche Fantasie fehlt, wie man mit einem Heinrich guten Sex haben kann («Heinrich, ziehe die Socken aus. Heinrich, benutze den Nasenhaarschneider»), und dass Sandra ihre Ehe aus dem Fenster gehangen hat wie damals der King of Pop sein Kind im Hotel Adlon, hat sie es dennoch versucht. Und es war ein Desaster.

Monsieur Heinrich schwitzte, roch, wollte partout kein Kondom anziehen und erwies sich als sehr egoistisch und desinteressiert an ihrem sexuellen Erlebnis. Anstatt ihre Vulva zu streicheln, drückte er die Klitoris penetrant 2 Minuten lang wie eine Türklingel, wenn keiner aufmacht. Ding-dong. Ding-dong. Ding-dong. Ding-dong. Ding-dong. Dann hämmerte er, so erzählte sie weiter, wie ein Duracell-Häschen auf sie ein. Mit dem Ergebnis, dass sie jetzt einen Harnwegsinfekt hatte und wir alle Tests für Geschlechtskrankheiten machen mussten (die glücklicherweise negativ ausfielen) und Sandra – die schon deutlich erfahrenere Liebhaber mitten im Date rausgeschmissen hatte – sich selbst nicht mehr verstand.

«Warum habe ich das nur gemacht?», lamentierte sie. «Ich bin doch kein Teenie mehr, wie furchtbar! Und der arme Marcello … Was bin ich nur für ein Mensch.» Sie weinte, und ich reichte ihr die Taschentücher, die ich immer in der Praxis griffbereit habe. Ich verurteilte sie nicht – diese Dinge kommen vor, gerade wenn man einsam ist, lange keinen guten Sex hatte und dazu noch einen emotional wenig verfügbaren Mann zu Hause hat (zu ihm kommen wir später – es gibt über Marcello ganz andere spannende Dinge zu wissen).

Ich nahm bei Sandra Blut ab, um sie auf HIV und Hepatitis zu testen, und ließ auch die Hormone im Blut bestimmen, wenn wir schon dabei waren. Und siehe da: Ihre Östrogen- und Testosteronwerte waren sehr hoch, und zwar so, dass das Labor sie rot markierte (wie diese Werte wirklich zu deuten sind, lernen wir ebenfalls später).

Somit konnte ich Sandra schwarz auf weiß zeigen, warum ihr Urteilsvermögen so vernebelt war – es lag an einem Hoch an Testosteron, ein Liebeswahn, ausgelöst durch unkoordinierte Eierstöcke, eine Art Sexy-Times-Abschlussparty.

Sandra kam mit einem blauen Auge davon, es waren keine körperlichen Schäden entstanden. Hat sie es Marcello gestanden? Wie ging es weiter? Das erfahren wir später. Aus medizinischer Sicht hatten Sandras Eskapaden dennoch etwas Praktisches: Durch die Laborkontrollen wusste ich nun, welche Werte an Testosteron im Blut Sandra mindestens brauchte, um ihre Libido anzukurbeln, und ab wann es zu viel wurde. Das würde uns später sehr helfen.

Teil 2:

A Total Eclipse of the Parts – Medizinische Probleme und wie man sie lösen kann

«Every now and then I get a little bit nervous
that the best of all the years have gone by.»

BONNIE TYLER

Körperliche
Gesundheit
Integrität der
Hormone
Anatomie
Physiologie
Sextheorie

5.

Another One Bites the Lust – Wenn die Libido schwächelt

In diesem Kapitel befassen wir uns zunächst ausführlich mit der geheimen Zutat Testosteron, das Kerosin für die Turbinen des weiblichen Sexlebens, und lernen, wie man es gezielt anwendet. Testosteron wird noch nicht oft eingesetzt für die weibliche Libido, daher wundere dich nicht, wenn du davon noch nie etwas gehört hast. Es ist bisher ein vergleichsweise kleiner Kreis von Ärzt:innen, der sich zutraut, Frauen Testosteron zu verordnen. Lustlosigkeit bei Frauen wirft einfach zu viele Fragen auf, und nicht jeder hat ein Schlüsselerlebnis, das die Suche nach Lösungen ins Rollen bringt, wie ich vor circa siebzehn Jahren.

Montagmorgens in der Praxis. Eine neue Patientin, nennen wir sie Lori, kam zu mir, und ich merkte schon beim Reinkommen, dass sie sehr bedrückt war. Sie war 46 Jahre alt, Amerikanerin und brach direkt in Tränen aus. Sie hätte überhaupt keine Libido mehr, sagte sie zwischen Taschentüchern. Früher, wenn sie Quality-Time mit ihrem coolen und sehr lustigen Mann verbracht hatte, gab es im Laufe des Abends Champagner und Party im Unterleib, und jetzt geschehe ... nichts. Einfach keine Regung, nicht einen schmutzigen Gedanken wie früher, nothing.

«Das geht meinen Freundinnen in meinem Alter allen ähnlich! Gibt es denn nichts für uns da draußen?!», flehte sie mich an. Ich kramte geistig durch mein damals mickriges Arsenal für schwache Libido bei Frauen und verschrieb ihr das

Beste, was es zu der Zeit gab, nämlich ein pflanzliches Mittel, das in Schweden bei Frauen so nach 6 Monaten Anwendung eine leichte Besserung von 17 Prozent gebracht haben sollte. Sie verließ mit hängenden Schultern die Praxis. Es gab zu der Zeit sonst kein Medikament, das etabliert war. Nur dumme Sachen wie kaum wirksame pflanzliche Mittel oder schlaue Vorschläge, dass man mal wieder eine Date-Night machen sollte.

Es ist ein Scheißgefühl, wenn man als Ärztin jemanden so leiden sieht und gar nichts machen kann. Lori hatte mir aber, ohne es zu wissen, einen wertvollen magischen Schlüssel hinterlassen: Sie erwähnte im Laufe des Gesprächs «bioidentical hormones», die in den USA gerade populär wurden. Mit dem Begriff in der Tasche machte ich mich auf die Schatzsuche und begann zu recherchieren. Ich hatte ja selbst beobachtet, dass die Frauen, die die damals üblichen Kombi-Hormon-Pillen nahmen, oft immer noch Libidoprobleme hatten, auch wenn alle anderen Beschwerden weg waren. Heute ist klar, warum: Diese Tabletten enthielten nur hoch künstliche Pferdeöstrogene und ein künstliches Gestagen, aber keine bioidentischen Hormone und auch kein Testosteron.

Ich habe die Eigenart, vielleicht durch meinen amerikanischen Hintergrund, medizinische Dogmen infrage zu stellen, gerade wenn ich das Gefühl habe, die Medizinwelt gibt auf, zuckt mit den Schultern, und wir Frauen sollen das Nachsehen haben. Daher hatte das damals empfohlene Therapiekonzept «Pflanzliche Tropfen und Date-Night» bei mir schlechte Karten. Also fing ich an, wie ein Trüffelschwein zu suchen. Ich habe mich durch Berge von Literatur gelesen und suchte nach Expert:innen und Lösungen. Wenngleich Expert:innen auf dem Gebiet der weiblichen Libido heute immer noch eine Seltenheit sind, waren sie damals eine fast noch unbekannte Spezies.

Die Antwort erhielt ich schließlich vor Jahren auf dem Kongress einer europäischen Menopausen-Gesellschaft, wo ich an einem Seminar für Hormonwerte im Blut und Hormonersatztherapie teilnahm. Es wurden viele Themen und Szenarien behandelt an diesem Tag: fehlende Menstruationen, gutartige Tumore im Kopf, die Hormone produzieren, unerwünschter Haarwuchs an diversen Stellen. Aber das Thema Libido wurde seltsamerweise ausgeklammert, als würde dieses Problem nicht existieren.

Da ich nun bei den Hormon-Koryphäen persönlich war, ließ ich mir die Gelegenheit nicht nehmen, um die Frage zu stellen, die mir unter den Nägeln brannte. Ich ging also nach dem Seminar zu der Professorin, um sie persönlich zu fragen. Bis dahin war ich der Meinung gewesen, dass ein Mangel an Östrogen der Auslöser für fast alle sexuellen Probleme der Frau wäre. Da wir um den Eisprung herum ein Hoch an Östrogen haben und viele Frauen zu diesem Zeitpunkt am meisten Lust erleben, dachte ich natürlich (wie viele es heute noch tun), dass eine Östrogenerhöhung die Antwort sein müsste. In meinen Erfahrungen mit der Hormonersatztherapie (HRT) war das aber selten der Fall.

«Wie hoch muss der Östrogenspiegel sein, um die Libido wieder anzukurbeln?», fragte ich die Professorin.

Ihre Augenbrauen schossen sofort nach oben. Sie beugte sich zu mir und sagte leise: «Sie können eimerweise Östrogen in die Frau kippen. Aber ohne Testosteron wird gar nichts passieren.»

Ich war kurz durcheinander. «Aber dann bringt die HRT gar nichts, so wie sie ist – man muss körperidentisches Testosteron hinzugeben? Über die Haut, wie bei Männern?»

Sie nickte und wurde dann von anderen Kolleginnen in Beschlag genommen, sodass ich das Gespräch nicht mehr zu Ende bringen konnte.

Ich war erst mal platt. Hier war ich bei den Mediziner:innen, die am meisten über die HRT wussten, und zwar so viel, dass ihre Seminare als Kompetenzschwerpunkt gehandelt wurden, aber das Thema Libido fiel unter den Tisch. Wie konnte es sein, dass dieses Wissen geheim blieb, sogar unter Kolleg:innen?

Heute weiß ich, dass viele Kolleg:innen in der Medizin so arbeiten: Es wird gemunkelt. Es wird ausprobiert. Wenn es aber um neue Therapieansätze mit altbekannten Medikamenten geht, die im eigenen Land noch Neuland sind, trauen sich oft nicht mal die Großen, auf Fachkongressen öffentlich darüber zu debattieren. Gerade im internationalen Vergleich sind die Deutschen dafür bekannt, dass sie sehr unflexibel sind und sich nur sehr schwer umstellen. Das Insiderwissen wird hinter vorgehaltener Hand im Flüsterton weitergegeben und bleibt ansonsten in der Echokammer. So gerät das Wissen nicht an die Außenluft, und wir machen keine Fortschritte im öffentlichen Raum.

Aus diesem Grund existieren bis heute keine offiziellen, einheitlichen Richtlinien in der EU, um einen Testosteronmangel erstens zu erkennen und zweitens zu beheben. Richtig gute Medizin kann man aber nur machen, wenn man sich als Ärztin auf eine Gratwanderung begibt und sich zwischen dem bewegt, was man weiß, und dem, was man bereit ist dazuzulernen. Wer nicht offen bleibt für neue Lösungen, kann auf Dauer der Patientin, die gerade vor einem sitzt, nicht helfen.

Nach meinem Aha-Moment auf dem Kongress ließ ich es daher nicht dabei bewenden und recherchierte weiter. Ich schaute über den Tellerrand und lernte viel von international tätigen Kolleg:innen, bis ich verstand, wie wir Testosteron in einem sicheren Rahmen auch bei Frauen wirksam einsetzen können. Dieses Prinzip wenden viele meiner Kolleg:innen an, in England zum Beispiel meine Bekannte Dr. Louise Newson oder in den USA Dr. Mary Claire Haver. Aber ganz gleich, ob in England, den USA oder Deutschland, das Problem ist überall dasselbe: Wir haben, was meine US-Kolleg:innen eine «Medical Desert» nennen, also eine medizinische Wüstenlandschaft. Es gibt schlicht sehr wenige Gynäkolog:innen und davon zu wenige, die sich mit HRT, geschweige denn Testosterontherapie, auskennen.

Ich hoffe aber, dass es anders aussehen wird, wenn meine Tochter in die Wechseljahre kommt, denn das Prinzip ist nicht schwer zu erlernen. Und weil ich es kann, will ich es dir beibringen, damit du es verstehst und in Zukunft selbst bei deiner Therapie mitreden kannst, solltest du sie mal brauchen. Weiter hinten in diesem Kapitel werden wir uns die Prinzipien der Testosterontherapie für die Frau anschauen. Doch der Reihe nach.

Als ich von besagtem Kongress nach Hause kam, fuhr ich kurz in die Praxis, nahm den Telefonhörer in die Hand und wählte eine Nummer. Es klingelte zweimal, dann hörte ich ihre Stimme.

«Hello?»

«Hi, Lori, hier ist Dr. de Liz. Ich glaube, wir müssen uns unterhalten, ich habe gute Nachrichten.»

Ich legte auf und lächelte. Lori wurde mein Patient Zero.

Dein sexuelles Selbst und der «Sexknoten»

Ich bin wahrlich keine Testosteron-Evangelistin und weiß natürlich, dass nicht jede Lustlosigkeit auf der Welt mit Testosteron kuriert werden kann. Wir wissen doch – wenn man krank ist oder dauererschöpft, wenn man seit Wochen oder gar Monaten überbelastet ist und auf dem Zahnfleisch geht, haben wirklich die wenigsten von uns noch Kapazitäten übrig für Sex. Auch gesundheitliche Einschränkungen, von der Grippe über Dauerblutungen bis hin zum verstauchten Knöchel, können jede Menge abstinente Tage und Nächte mit sich bringen.

Wenn man aber weitestgehend gesund ist und die Libido dennoch gestört ist, belastet das die Partnerschaft und fängt an, sowohl an der eigenen Psyche als auch an der des Partners zu nagen. Wir stellen uns als Frauen infrage oder zweifeln eventuell an unserer Beziehung. Wir grübeln vielleicht über einen möglichen Schaden, der durch ein länger zurückliegendes Ereignis nun seinen Tribut fordert, wie eine schwierige Entbindung. Beim unfreiwillig abstinenten Partner, dem wir immer wieder einen Korb geben, spielen sich unter Umständen unterbewusst auf Dauer ganz andere Dinge ab – Fragmente aus den ersten Jahren des Lebens melden sich. Klingt vielleicht sehr abwegig, aber bleib bitte bei mir, denn das ist eine anerkannte Theorie der Sexualmedizin: Seit unseren Tagen als Neugeborene haben wir das Bedürfnis, angefasst zu werden. Über Berührungen wurden uns schon sehr früh diverse Dinge kommuniziert: nicht nur Wärme und Sicherheit, sondern auch Liebe und echte Begeisterung für unsere kleinen Füße oder runden Wangen. Daher ist die Lustlosigkeit ein so verzwicktes Problem, weil das Bedürfnis, berührt zu werden, oft älter ist als die eigene Sexualität und zurückgeht auf eine Zeit, als man dringend auf Berührungen angewiesen war. Das ist bei fast allen Menschen der Fall, auch wenn uns das nicht mehr so bewusst ist.

Der abgewiesene Partner ist vielleicht erst mal enttäuscht, wenn sexuelle Avancen nicht erwidert werden, verkraftet das aber zunächst. Doch wenn es ein Langzeitproblem wird, geht diese Ablehnung von Sex an die Substanz des Ich-Seins: Man fühlt sich abgewiesen, verstoßen. Viele verstehen bei näherer Betrachtung gar nicht, warum das so viel Disharmonie mit sich bringen muss. Eine sexuelle Entlastung kann ja theoretisch jede und jeder durch Selbstbefriedigung herbeiführen, aber das reicht oft nicht aus. Warum eigentlich nicht? Es ist die sexuelle Seele, die hier trauert, es ist das Kind, das geliebt werden will, zu einer Zeit, als das Körperliche und das Emotionale noch eine wortlose Entität waren. Das Konzept der sexuellen Seele als stiller Passagier der Sexualität ist ein fundamentales Konzept aus der Sexualtherapie, das wir später im Buch besser kennen- und verstehen lernen werden.

Als lustlose Partnerin spüren wir natürlich die Enttäuschung, und oft will man das ja auch selbst nicht und leidet ebenfalls. Wenn bloß die Lust zurückkäme, würde vieles vielleicht wieder besser werden und die Beziehung zur alten Harmonie zurückkehren. Manche sind versucht, dem Druck nachzugeben, und überwinden sich zum Sex. Die Versuchung, ein Gefühl der Normalität für sich selbst und für die Beziehung zu bekommen, ist einfach zu groß. Darin liegt bereits ein Teil des Problems: Paare mit chronisch diskrepanter Lust haben einen unausgesprochenen Glaubenssatz, dass derjenige, der weniger Lust hat, nicht normal ist (die Lustlosigkeit ist aber oft logisch und nachvollziehbar, wie wir später lernen werden). Außerdem wissen wir als Menschen in einer Beziehung im Grunde schon, dass sexuelle Intimität wichtig ist für das Gedeihen einer Beziehung. So kommt es zum Versuch, Sex aus Goodwill zu haben, trotz mangelnder oder fehlender Lust. Viele Frauen, wenn nicht die meisten, haben das nach meiner professionellen Erfahrung schon mal gemacht. Bei manchen ist diese Konstellation sogar nicht die Ausnahme, sondern die Regel. So oder so kommt man schnell in einen «Sexknoten», der knifflig ist:

Er will Sex – sie will nicht – er drängt – sie sagt Nein – er ist beleidigt – das nächste Mal zwingt sie sich und hat keinen Spaß. Der erste Knoten entsteht.

Er drängt weiter. Er fühlt sich ungeliebt und abgewiesen, was verursacht, dass der Haussegen schief hängt. Er wird mürrisch bis sehr gereizt, die Kinder merken das, der Druck und die Schuldgefühle wachsen. Der nächste Knoten wird geschnürt.

Man versucht, sich vielleicht auf alle zwei Wochen zu einigen. Sie ist nicht engagiert beim Sex, umgeht möglicherweise sogar in Spätstadien dieser Entwicklung das Vorspiel, geht direkt zum Koitus über, um es schneller hinter sich zu bekommen. Jetzt findet der Sex zwar statt, ist aber für niemanden erfüllend. Der nächste Knoten entsteht.

Der Mann merkt es zunächst nicht und freut sich auf das nächste Mal Sex. Sie hingegen ist noch genervter, weil jetzt hatten sie gerade Sex, und er will schon wieder, und kriegt sie denn nicht mal eine Pause? Sie diskutieren viel über Frequenzen, es geht gar nicht um die sexuelle Begegnung an sich. Es macht ihr keinen Spaß, und er hat auch irgendwann keinen Spaß mehr daran: Die Qualität der sexuellen Interaktion leidet. Der Sex ist schlecht. Und der nächste Knoten kommt on top.

Spätestens jetzt meldet sich die sexuelle Seele und sagt Nein. Sie kommuniziert über ihre Außendienstmitarbeiter, nämlich die Genitalien. Die wiederum reagieren nach Plan: Die Erektionen kämpfen auf halbmast, die Feuchtigkeit der Vagina ist spärlich. Der Sex tut weh. Man verkrampft sich. Ein Partner droht, fremdzugehen oder die Beziehung zu beenden. Voilà, ein Knoten, der es mit jedem Seemannsknoten während eines Taifuns aufnehmen könnte.

Es ist nicht leicht, einen solchen Knoten ohne Hilfe zu lösen, es ist aber auch nicht unmöglich. Sexuelle Unlust entsteht meistens aus einer unerkannten Enttäuschung, wenn der Sex, nach dem man sich wirklich sehnt, nicht zur Verfügung steht. Auch wenn man sagt, am Anfang ging das alles so gut! Tja, am Anfang waren die Bedingungen anders. Die Neugier aufeinander, das Gefühl, nichts kann schiefgehen, die Euphorie der neuen Zweisamkeit, die Art, den Körper des anderen zu erforschen, der Impuls, den anderen erkunden und erobern zu wollen. Meistens hört das auf, diese Neugier, diese Abenteuerlust, spätestens dann, wenn man den Weg gefunden hat, den anderen durch klassischen Geschlechtsverkehr möglichst effektiv zum Orgasmus zu bringen. Die Innigkeit geht verloren, die Connection auch. Ist der Anfangszauber endgültig verflogen, wurmt viele der Gedanke: Hat er oder sie bei der anfänglichen Begeisterung ein wenig geheuchelt und mich eigentlich nie wirklich so toll gefunden?

Es gibt aber auch in vermeintlich intakten Beziehungen leichtere, nuanciertere Varianten von sexueller Unlust. Ich höre sehr, sehr oft von Frauen, die sagen, dass die Partnerschaft ganz okay sei, sie aber grundsätzlich wenig Lust auf Sex hätten. Wird diese «Sex-Faulheit» aber überwunden und werden sie mit dem Partner intim, stellt sich der Sex doch als ganz gute Idee heraus, und sie fragen sich, warum sie das eigentlich nicht häufiger machen. Bereits hier lohnt es sich, einzugreifen, bevor der erste Knoten sich entwickelt.

Ein Grundproblem ist, dass wir Menschen als Rahmenbedingung, um Intimität aufkeimen zu lassen, typischerweise eine Innigkeit mit dem Partner brauchen. Erst wenn diese Nähe gegeben ist, hat man die Chance, dass die Lust auf Sex entsteht. Wenn der Partner jedoch auch wegen mangelnden Sexes schlecht gelaunt ist und Streit in der Luft hängt, fühlen wir uns nicht nah und möglicherweise emotional nicht in einem sicheren Hafen. Es ist aber dieser Hafen plus gelebter Nähe zum Partner, der unserer sexuellen Seele den besten Lebensraum bietet und die Basis für guten Sex ist. Doch keine

Sorge: Auch hierfür gibt es effektive Lösungen, auf die wir im dritten Teil tiefer eingehen. Ja, auch für diejenigen, die sich selbst wie Anna als «nicht so verrückt auf Sex» bezeichnen würden. Alle Gründe, keinen Sex haben zu wollen, sind, wie wir sehen werden, mehr als legitim. Die Lösungen sind daher umso naheliegender.

Frauen ab 45 berichten mir häufig, dass die Lust einfach nicht mehr da ist. Bei manchen geschieht das «gefühlsneutral»: Sie haben keine Probleme mit dem Partner, nur die Libido ist ausgeschaltet. Manchmal kommen zusätzliche hormonelle Symptome hinzu, sei es wie bei Carla, bei der der Libidoverlust mit Muskelverlust und Aversionen gegen den Ehemann gepaart ist, oder wie bei Lori, bei der die depressive Verstimmung zusätzlich alles vermiest. Depressionen, schlaffe Muskulatur, mangelnder Antrieb allgemein und andere Symptome können durchaus auf einen Testosteronmangel zurückzuführen sein. Woher weiß ich aber, ob es der Alltagsstress ist oder der allmähliche Abfall der Hormone, der die Libido k. o. schlägt? Es gibt einen Trick 17, um das herauszufinden, und zwar liegt die Antwort in unseren Träumen.

Wenn man trotz fehlender Libido am Tag nachts Sexträume hat, ist das ein guter Hinweis darauf, dass alles noch so weit stimmt. Überlege mal: Nachts bekommen wir wie Männer eine Mini-Erektion im REM-Schlaf. Die Klitoris wird besser durchblutet, man hat vielleicht einen verrückten Sextraum, in dem der Ex-Freund oder der Gärtner vorkommt, der aber nichts weiter zu bedeuten hat. Dieses Programm läuft nur, wenn wir nicht im Testosteronmangel sind. Wenn der «Testo-Tank» jedoch leer ist, dann verschwindet diese Episode aus unserem Dreamland – dieser Teil des REM-Programms kann nicht mehr ablaufen. Das war bei Lori ebenfalls der Fall, wie sie uns später berichten wird.

Sind es die Hormone oder ist es der Stress? Die Antwort liegt in deinen Träumen!

Bestimmung von Testosteron und Antworten auf die 5 gängigsten Probleme

Wir erinnern uns: Testosteron ist nicht nur wichtig für unsere Libido, sondern auch für andere Organsysteme wie das Gehirn, die Muskeln, das Skelett und den Energiehaushalt. Wenn man also eine Libidostörung und möglicherweise noch mehr Symptome hat, ist es sinnvoll, beim Arzt oder der Ärztin Blut abnehmen zu lassen. Bei der Messung kommt es auf einen Wert an: den Gesamttestosteronwert.

Eine Blutentnahme, ein Blutwert. Was einfach klingt, entpuppt sich oft als schwieriger, als man zunächst erwarten würde. Viele Patientinnen stoßen auf Hindernisse, die vermeidbar sind. Weil diese nach meiner professionellen Erfahrung so oft vorkommen, habe ich die 5 häufigsten Pannen gesammelt, die dir auf deiner Testosteron-Reise begegnen können, um dir gleich die Lösungen dazu zu bieten.

Problem Nummer 1:
Der Arzt oder die Ärztin sagt Nein.

Viele Ärzt:innen weigern sich, Blut abzunehmen. Das kann verschiedene Gründe haben. Manche können die Ergebnisse nicht einordnen und wollen kein anschließendes Beratungsgespräch aufgedrückt bekommen. Andere haben veraltete Informationen über Testosteron bei Frauen und sagen entweder, es sei gefährlich oder dass Frauen das nicht bräuchten, oder sie haben andere falsche Vorstellungen. Ein häufiger Irrglaube ist, dass es keinen Sinn macht, den Wert zu bestimmen, wenn man zum Beispiel die Pille nimmt oder noch die Periode hat. Vielleicht folgt auch mit einem Stirnrunzeln der Hinweis, dass das keine Kassenleistung sei, und die Frage, wofür man das überhaupt wissen wolle.

Lösung: Selbst zum Labor gehen.

Man braucht weder einen Hausarzt noch eine Frauenärztin, um den Wert bestimmen zu lassen. Man kann ganz einfach zu einem Labor gehen, das es in jeder größeren Stadt gibt, und dort bitten, das Gesamttestosteron bestimmen zu lassen. Ohne Überweisung – da man es ohnehin selbst bezahlt, ist diese Anordnung vom Arzt nicht notwendig. In jedem Labor arbeitet ein Laborarzt, der das Blut abnehmen kann, aber die Werte hinterher nicht besprechen muss. Alles entspannt also. Praktisch vorgehen würde ich, indem ich anrufen und fragen würde, wann ich vorbeikommen kann. Da Laborärzt:innen keine Sprechstunde haben, musst du bestimmt nicht mehrere Tage auf einen Termin warten. Easy-peasy.

Und by the way: Wenn man die Pille oder einen Kombi-Hormonersatz in Tablettenform nimmt, ist ja gerade deshalb oft der Testosteronwert niedrig. Kein Wunder, wenn man dann wenig Libido hat. Mich persönlich würde dennoch der Wert interessieren, damit man es schwarz auf weiß hat. Viele Patientinnen bekommen auch gesagt, dass die Bestimmung von Hormonen nur am Zyklustag XY stattfinden könne und man deshalb diesen Tag abwarten müsse bzw. erst mal feststellen müsse, wann der überhaupt ist. Der Zyklustag ist aber tatsächlich bei Testosteron egal. Du kannst es jederzeit im Zyklus bestimmen. Somit entfällt auch die Konfusion mit Zyklustagezählen; das ist gerade für Frauen, die superunregelmäßige Blutungen haben, vielleicht wichtig zu hören. Wenn man keinen Zyklus oder keine Gebärmutter mehr hat, muss man sich nichts merken. Auch easy.

Problem Nummer 2:
Die falschen Werte werden bestimmt.

Das passiert ziemlich oft, gerade wenn man nicht explizit sagt, was man will. Schwer vorstellbar, ich weiß, aber leider wahr. Oft werden Pakete angeboten, die beim Labor bestimmt werden, bei denen nicht zwingend Gesamttestosteron dabei ist, sondern andere Androgene – also vermeintlich «männliche» Hormone, die aber nicht zählen und weder für die Libido noch für Erschöpfung relevant sind. Diese möglichen falschen Werte können zum Beispiel DHEA oder Androstendion sein. Man muss alle bestimmten Werte selbst bezahlen – also auch die, die man nicht haben wollte und die einem nichts bringen.

Lösung: Say it loud and clear.

Man muss ganz klar sagen, was man bestimmt haben will und was nicht. Auch dieses Problem hat man nicht, wenn man direkt zum Labor geht. Dort bekommt man nicht zusätzliche Werte aufs Auge (und Portemonnaie) gedrückt, die man nicht braucht. Das ist ein wenig wie bei McDonald's: Man muss nicht das Burger-Menü bestellen, wenn man nur die Pommes will.

Problem Nummer 3:
«Alles normal!» (aber dennoch beschissen).

In der Tat steht das oft auf dem Laborblatt als Einschätzung der Laborärztin oder des Laborarztes. Man kann ja selbst sehen, dass der Wert laut der angezeigten Skala im Normbereich liegt. Dennoch spürt man, dass etwas definitiv nicht normal ist. Und nun? Ist das alles bloß Einbildung ... oder ist das Gaslighting? Ist deine eigene, gelebte Realität falsch oder übertrieben?

Lösung: Lass das sacken – «normal» heißt nicht «gut».

Ja, ja, die Normwerte. Man ahnt ja nicht als Außenstehende, wie oft diese Werte nicht die ganze Story erzählen. Um einen Bereich in der Medizin als «normal» einzustufen, müssen Parameter irgendwann festgelegt werden. Folglich wurden irgendwann Testosteronwerte bei unbehandelten Frauen in den Wechseljahren bestimmt, indem man bei einer repräsentativen weiblichen Gruppe das Hormon im Blut bestimmt hat. Man hat eine Glockenkurve erstellt und irgendwann die Cutoff-Punkte nach oben und nach unten festgelegt. Hier liegt aber der Fehler: Wenn wir davon ausgehen, dass viele dieser Test-Frauen Testosteronprobleme hatten – und das können wir bei unbehandelten Frauen in der Peri- und Postmenopause –, sind die «Normwerte» alles andere als normal und nicht repräsentativ für das, was wir sein wollen: vital, happy, kraftvoll, voller Energie. In diesem Zusammenhang ist auch das Wort «altersgerecht» nicht gut, weil altersgerecht nicht altersoptimal heißt. Altersgerecht ist schlecht!

Altersgerecht ist schlecht!

Hier ein konkretes Beispiel:

Ein Testosteronwert von 0,2–0,9 ng/ml gilt als normal, wenn man noch die Periode hat. Sobald man aber 50 plus ist, ändern viele Labore die Range des Normalwertes auf 0,1–0,5 ng/ml. Der Normwert wird also nach unten korrigiert, nachdem das Labor dein Geburtsjahr gelesen hat. Einen niedrigen Wert und damit eine eingeschlafene Libido von Frauen über 50 zu normalisieren, ist hier bereits systemisch eingebaut (frustriertes Kopfschütteln von mir).

Das bedeutet konkret: Wenn du dein Frauenleben lang einen durchschnittlichen Wert von beispielsweise 0,6 ng Testosteron in einem Milliliter deines Blutes gewohnt warst und du hast jetzt 0,1 ng/ml, ist das allemal ein Grund, sich schlecht zu fühlen. Das ist 6-mal weniger Testosteron als sonst, meine Güte! Aber auf dem Papier steht: «altersgerecht».

> *Die Normwerte von Gesamttestosteron sind 0,2–0,9 ng/ml.*

Nach meinen Erfahrungen benötigen viele Frauen nach Testosteronsubstitution einen Wert im hohen Normbereich, um sich wieder gut zu fühlen.

Problem Nummer 4:
Nur Präparate für Männer?!

Testosteron wird im deutschsprachigen Raum nur als «Off-Label-Use» verordnet. Was das heißt? Dass die Präparate in der Apotheke nur für Männer zugelassen sind. Es heißt nicht, du darfst das nicht verwenden, es heißt nur, dass die Dosierung auf Männer zugeschnitten ist. Selbst wenn dein Arzt oder deine Ärztin gewillt ist, dir Testosteron zu verordnen, steht er oder sie daher vor dem nächsten Problem: Es gibt kein fertiges Präparat für Frauen auf dem Markt. Was also tun? Was soll er verordnen?

Lösung: Aufteilen und anpassen!

Die gängigste Form und sicherste Art, Testosteron zu verordnen, ist in Form eines Gels oder einer Creme, beides wird auf die Haut aufgetragen. Man darf sehr wohl das «Männer-Präparat» nehmen («Off-Label-Use» hin oder her), aber sollte davon täglich nur einen Bruchteil verwenden. Im Folgenden liste ich alle handelsüblichen Fertigpräparate auf, die uns nach heutigem Stand in deutschen Apotheken zur Verfügung stehen:

- Testogel® Dosiergel 16,2 mg/g Gel. Das gibt es in einem Hubspender. Pro Hub (also Spender komplett durchgedrückt) kommen 20,25 mg Testosteron heraus.
- Testogel® 40,5 mg transdermales Gel im Beutel: Pro Beutel sind 40,5 mg Testosteron enthalten.
- Testogel® 50 mg transdermales Gel im Beutel: Pro Beutel sind 50 mg Testosteron enthalten.
- Tostran® 20 mg/g transdermales Gel. Ebenfalls im Hubspender, pro Hub kommen 10 mg Testosteron heraus.

Diese Präparate können alle auf einem Privatrezept verordnet werden, nicht aber auf einem Kassenrezept, und auch die privaten Krankenkassen übernehmen nicht die Kosten der Medikamente. So wird das in der Tat auch im Ausland, zum Beispiel in England und in den USA, gehandhabt. Die Australier hingegen haben das Problem als Erste weltweit verstanden und das erste transdermale Präparat für Frauen auf den Markt gebracht: das AndroFeme® 1. Das kommt mit einem Mess-Applikator, und die Startdosis beträgt 5 mg am Tag. Das ist gut und sinnvoll, und ich beneide die Kolleg:innen in Down Under, die das verordnen können. 5 mg ist auch eine gute Ausgangsbasis als tägliche Dosis.

Somit kommen wir zur nächsten Frage: Wie viel brauche ich am Tag und wie wende ich das an?

Frauen benötigen meistens zwischen 5 und 8 mg Testosteron am Tag. Zum Vergleich: Ein Mann braucht ca. 50 bis 80 mg/Tag, also 10-mal so viel.

Wenn wir ein Präparat aus der Apotheke verwenden wollen, bekommen wir also nur eins für Männer, das für uns zu hoch dosiert ist, also brauchen wir hier einen weiteren Workaround: Entweder ich nehme einen 50-mg-Beutel und nehme täglich ein Zehntel, indem ich zum Beispiel einen Beutel in eine leere 10-ml-Spritze abfülle und jeden Tag eine Strichmarkierung rausdrücke und mir auf die Haut appliziere. Diese 10-ml-Spritzen bekommt man in jeder Apotheke, am besten einfach den Apotheker oder die Apothekerin seines Vertrauens fragen.

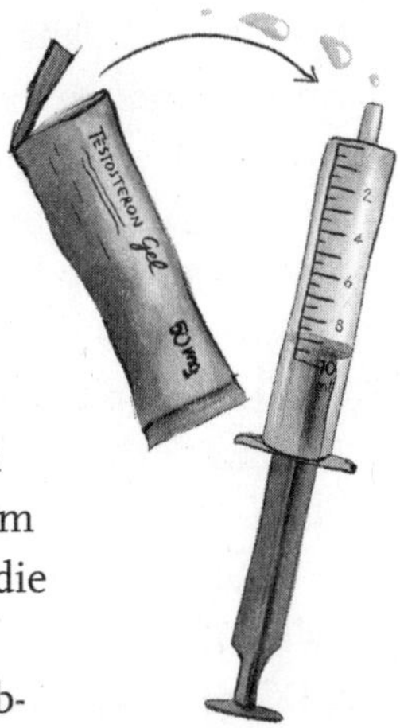

Wenn man ein Präparat mit Hubspender nimmt, kann man den Pumpspender zur Hälfte durchdrücken, sodass man einfach eine kleinere Menge verwendet. Das entscheidet tatsächlich das Augenmaß: Wenn ein voller Hub ca. 3 Zentimeter Gel auf der Handfläche ist, würde ich davon ca. 1/3 verwenden, was in etwa einer Erbse entspricht.

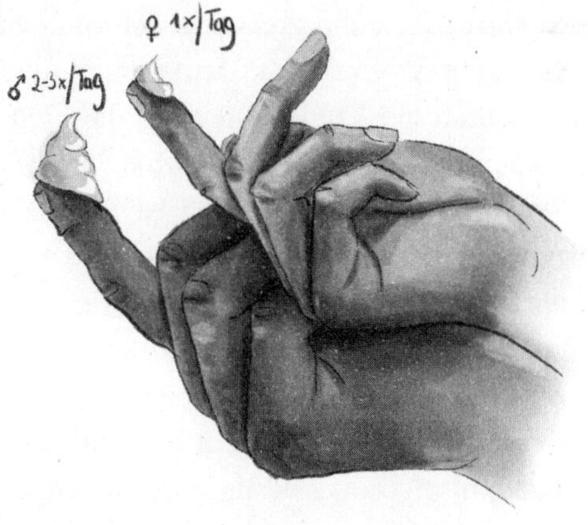

Ein Mann braucht diese Menge zwei- bis dreimal am Tag, eine Frau die erbsengroße Menge nur einmal am Tag.

Das ist am Anfang etwas knifflig und kann einen verunsichern. Es kann aber in der Tat nicht so viel passieren, wenn man ein- oder zweimal anstatt einer Erbse Gel eine kichererbsengroße Menge entnimmt. Man kann dann einfach am nächsten Tag etwas weniger verwenden. Wem das zu wischiwaschi ist, keine Sorge, es gibt noch weitere Möglichkeiten. Man kann sich das Testosteron auch in einer speziellen Apotheke anmischen lassen, und zwar in der Dosierung, die passend ist. Diese maßgeschneiderte Rezeptur, die individuell hergestellt wird, bekommt man meistens in einem Dosierspender, bei dem eine Dosis die gewünschte Tagesmenge ergibt. Da diese Mischungen in der Apothekenküche individuell nach Auftrag angemischt werden, sind sie oft teurer als die Apothekenpräparate, und es dauert einige Tage, bis sie fertig sind. Dafür haben sie keine Konservierungsstoffe, was gerade bei Allergien eine gute Alternative bietet.

Diese Apotheken heißen im englischsprachigen Raum «compounding pharmacies» und genießen in den USA und England keinen guten Ruf, da es wohl keine einheitlichen Regelungen und anscheinend ziemlich viel «Wildwuchs» gibt. Die Compounding-Apotheken in Deutschland und Österreich (und in vielen anderen Ländern der EU) dagegen sind meistens hoch spezialisiert auf Hormonmischungen und sehr strengen Regelungen unterworfen. Diese Apotheken müssen so viele Regularien über sich ergehen lassen, dass ein Fehltritt mit schlecht angemischten Produkten schwerwiegende rechtliche Folgen für sie hätte. Daher habe ich nie ein Problem damit, Apotheken, mit denen ich gute Erfahrungen gemacht habe, die Rezepturen meiner Patientinnen anzuvertrauen.

Ganz gleich, ob man das Fertigpräparat nimmt oder eine Einzelmischung, die Anwendung bleibt die gleiche. Ich empfehle immer, morgens das Testosteron in der Kniekehle zu verteilen – morgens, weil das Testosteron uns oft innerhalb der ersten paar Stunden einen kleinen Leistungskick gibt, und in die Kniekehle, weil Testosteron das Wachstum von Körperhaaren fördert. Viele meiner Patientinnen berichten über vermehrten Beinhaarwuchs, wenn sie es zum Beispiel auf dem Oberschenkel verteilen. Das passiert nicht über Nacht, und man mutiert auch nicht zum Yeti, aber dennoch kann das nerven. Daher: Kniekehle, weil die meisten Menschen dort wenige Haarwurzeln haben.

Problem Nummer 5: Wie vermeide ich Nebenwirkungen?

Du hast Testosteron verordnet bekommen. Und nun? Wann muss der Wert wieder kontrolliert werden? Was muss man beachten? Was sind denn die Risiken? Das weiß dein Arzt nicht so richtig. Hinzu kommt, dass du Widersprüchliches im Internet und überall hörst und siehst.

Lösung: Die *wirklich* wichtigen Parameter kennen.

Als Lori wieder zu mir kam, um mein Patient Zero zu werden, stand ich mit meiner mentalen medizinischen Toolbox in den Startlöchern.

«Wie lange ist es jetzt her, 6 Jahre?», fragte ich.

«Ja», sagte sie. «Wir sind zwischendurch wegen Rays Job weggezogen. Ich bin aber froh, wieder hier zu sein, und noch mehr darüber, dass du angedeutet hast, dass du eine Idee hast, wie du mir helfen kannst.»

Ich erzählte ihr, dass sie damals den Stein ins Rollen gebracht hatte und ich die Hoffnung hätte, dass Testosteron die Antwort sein könnte. Aber zunächst musste ich einiges in Erfahrung bringen und ließ sie erzählen, was bisher geschah.

Lori war inzwischen auf Hormonersatztherapie eingestellt mit einem transdermalen Östrogengel und oralem Progesteron. Damit begonnen hatte sie, als ihre Periode unregelmäßig kam und sie Hitzewallungen bekam. Dazu gesellten sich später Schlafstörungen und Ganzkörperschmerzen. Die Symptome waren besser, nur noch Rückenschmerzen im unteren Lendenwirbelbereich bereiteten ihr Probleme. Das Libidoproblem sei jedoch nur unwesentlich besser, erzählte sie.

«Ob Testosteron ein Volltreffer sein wird, kommt darauf an, wie sehr deine Libidoprobleme tatsächlich von einem Mangel an Testosteron herrühren», erklärte ich. «Leidest du auch unter Erschöpfung?»

«Total», sagte sie. «Morgens komme ich nicht in die Gänge, und dann brauche ich meistens noch einen Mittagsschlaf.»

«Gibt es sonstige Probleme beim Sex?», fragte ich. «Schmerzen, Trockenheit?»

«Nein, das nicht, ich werde normal feucht, es dauert nur länger, bis ich so weit bin.»

«Und ihr seid noch okay? Du und Ray, meine ich?» Nicht, dass Beziehungsprobleme die heimlichen Übeltäter waren.

«Ray ist toll, er hat viel Verständnis, aber es belastet mich immer noch sehr. Es wurde, nachdem wir uns das letzte Mal gesehen haben, phasenweise besser, sodass ich wieder Hoffnung geschöpft habe, aber seit ein, zwei Jahren ist der Sex, wenn wir ihn denn haben, so lahm.»

Sie dachte kurz nach. «Ich spüre auch insgesamt nicht so viel wie früher. Meine Orgasmen sind sehr langweilig, und meine Klitoris ist unempfindlich. Die ist förmlich eingepennt. Es fühlt sich überhaupt nicht mehr an wie vorher, wenn ich sie berühre. Manchmal ist es so, als würde ich meine Nasenspitze anfassen.»

Aha. Eine unempfindliche Klitoris spricht definitiv für einen objektiven Mangel. Beziehung hin oder her.

«Lori, ich brauche deine Hormonwerte im Blut. Hast du sie dabei?»

Sie holte ein Blatt aus ihrer Tasche und gab es mir.

Ihre Werte sahen so aus:

- 17-Beta-Östradiol: 70 pg/ml 👍
- Gesamttestosteron: 0,06 ng/ml 👎
- Progesteron: 2,4 ng/ml 👍

Ahhh, okay. Ich habe diese Konstellation seitdem unzählige Male gesehen. Sie ist auch ein Grund dafür, dass manche Frauen sagen, bei ihnen «wirke» die HRT nicht. Was wir hier sehen, liebe Leserin, ist, dass Lori zwar für Östrogen und Progesteron gut eingestellt ist, aber ihr Testosteronwert vollkommen vernachlässigt wurde. Die gute Nachricht ist, dass ich genau wusste, was zu tun war.

Ich unterbreitete ihr meinen Plan zur Rettung ihres Sexlebens und Wohlbefindens (du merkst, ich bin da in meinem Element und liebe es):

«Also, erstens verordne ich dir Testosteron als Gel. Das ist zwar ein Männerpräparat, aber anstatt einer kirschgroßen Menge zweimal am Tag nimmst du eine erbsengroße Menge einmal am Tag und schmierst dir das in die Kniekehle.»

«Klingt nach einem Plan. Und das ist safe, oder komme ich in den Stimmbruch wie ein Teenie?»

Ich musste lachen. «Nein», sagte ich, «denn dein Östrogenwert schützt dich vor der Vermännlichung. Wenn der Östrogenwert dauerhaft über 40 pg/ml ist – und bei dir ist er ja schon bei 70 pg/ml – und der Testosteronwert dauerhaft nicht höher als 0,9 ng/ml ist, passiert da nichts. Das wissen wir aus der Transgender-Medizin. Wenn eine biologische Frau trans ist, also sich als Mann identifiziert, braucht sie ganz andere Dosen, damit sie eine tiefe Stimme bekommt und andere männliche Züge. Da reicht oft das Hautgel, das ich dir verordne, hinten und vorne nicht aus. Trans Menschen erhalten in der Regel stärkere Dosierungen als Injektionen.»

Tatsächlich können wir sehr viel über die vermeintlichen Gefahren von Testosteron aus der Transgender-Medizin lernen, wo, aus der Not der betroffenen Menschen geboren, die Möglichkeiten und Gefahren hoch dosierter Hormongaben wirklich bis zum Anschlag ausgelotet wurden. Einer der führenden Transgender-Ärzte Europas, Guy T'Sjoen, führt an, dass die Hochdosis-Testosterontherapie insgesamt als sicher gilt.[23] Bei Erreichen der Zielwerte sind Vermännlichungssymptome nach 12 Monaten sichtbar. Generell gilt für trans Männer – also Menschen mit XX-Chromosomensatz, die sich als Mann identifizieren und männliche Merkmale haben wollen –, dass der Östrogenwert über mehrere Monate gedrosselt wird und der Testosteronwert auf ca. 4,5 bis 5,5 ng/ml gehalten wird. Das entspricht dem Wert eines Durchschnittsmannes und ist fünf- bis zehnmal so hoch wie das, was wir als Zielwert haben.[24]

Hinzu kommt, dass der Östrogenwert hoch gehalten wird. Unter der Hormonersatztherapie halte ich ohnehin gerne den Östrogenwert mindestens um 70 pg/ml, um die Knochen vor Osteoporose zu schützen. Deswegen kann ich ganz entspannt Testosteron in kleinsten Mengen rezeptieren und weiß, meinen Patientinnen geht es sehr gut damit.

Merke: Solange dein Testosteronwert dauerhaft nicht über 0,9 ng/ml und dein Östrogen stets über 40 pg/ml liegt, sind schwerwiegende Nebenwirkungen wie eine tiefe Stimme sehr unwahrscheinlich. Ein trans Mann wäre mit solchen Werten nicht glücklich, weil seine erwünschten Vermännlichungssymptome ausbleiben würden. Dennoch sind regelmäßige Blutkontrollen Pflichtbestandteil jeder Testosterontherapie!

Zurück zu Lori.

«Es gibt eventuelle Nebenwirkungen, die wir aber schnell

in den Griff bekommen können», erklärte ich ihr, «wie vermehrter Haarwuchs an den Beinen. Manche berichten, dass sie zu viel Energie haben oder leicht reizbar sind. Meistens muss man die Dosierung etwas zurückfahren. Melde dich bitte, wenn das auftritt.»

«Und wann kann ich damit rechnen, einen Unterschied zu spüren?»

«Du bemerkst schnell, vielleicht schon nach zwei Wochen, dass du morgens besser aus dem Bett kommst. Die Libido und die Kraft werden nach und nach wiederkommen. Und du bekommst auch wieder vermehrt sexy Träume. Ist dir das auch aufgefallen? Dass nachts im Traum keinerlei absurde Sexszenen mehr vorkommen?»

Ihre Augen wurden groß. «Ja, stimmt! Ich weiß nicht, wann ich das letzte Mal einen sexy Traum hatte. Das machte auch das Testosteron?»

«Ja, auch. Sobald man im REM-Schlaf ist, bekommen Männer eine Erektion, und bei uns wird die Klitoris stärker durchblutet, und wir haben verrückte Traumsequenzen mit Sex.»

«Mit der Libido muss ich bestimmt mehr Geduld haben, oder? Das Problem habe ich nun wirklich seit Jahren ...»

«Ich weiß, das ist im Moment schwer vorstellbar», sagte ich, «aber ich rechne damit, dass sie schneller wiederkommt, als du denkst, gerade bei den schlechten Blutwerten. Wir sind alle unterschiedlich, und es ist keine genaue Wissenschaft, aber rechne mal mit Wirkungen nach spätestens sechs Wochen. Für die schlafende Klitoris gebe ich dir noch eine besondere Behandlung – eine Creme mit DHEA und Östrogen.»

«Und das weckt die Klitoris wieder auf?»

«Ja, denn die Klitoris hat viele Testosteronrezeptoren. Die wird sich freuen. Du wirst sehen. Das machst du jeden Abend drauf, wie eine Nachtpflege für die Klitoris und den vaginalen

Eingang. Trag ruhig dick auf, so wie du eine Gesichtsmaske machen würdest.»

«Ein Klitoris-Spa», lachte sie. «I love it. Und wann machen wir einen Follow-up-Termin?»

«Nach sechs Wochen kommst du zu mir, und ich kontrolliere deine Hormonwerte im Blut. Melde dich auch gerne zwischendurch und gib mir einen Zwischenstand.»

Viele Kolleg:innen sind der Meinung, dass man die Hormonwerte im Blut nicht kontrollieren muss. Das halte ich für falsch, weil ich ja von ärztlicher Seite aus wissen will, ob die Patientin die Präparate gut über die Haut aufnehmen kann: Manche Frauen haben damit Probleme, und ihre Werte steigen nicht. Andere nehmen das Hormon sehr gut auf und haben bei kleineren Applikationsmengen bereits sehr gute oder gar zu hohe Werte, gerade bei der Östrogensubstitution. Wieso das so ist, darüber kann man nur spekulieren. Ich weiß nur, wir müssen die Situation überwachen, bis die Patientin gut eingestellt ist.

Nach sechs Wochen kam Lori wieder, diesmal in Begleitung von Ray. Ich sah sie bereits im Wartezimmer und ging sie begrüßen. Die beiden saßen zusammengekuschelt auf der Couch und sahen mich zunächst nicht. Ray erzählte ihr leise etwas. Sie kicherte. *Love is in the air.*

Da sahen sie mich und standen auf. Er streckte mir die Hand entgegen: «Hey, Doc, ich bin Ray.»

Beide strahlten über das ganze Gesicht. Lori hatte eine Flasche Moët & Chandon dabei. Ray brachte meinen Damen am Empfang Eis von der Eisdiele unten. Sie leuchteten wie ein Weihnachtsbaum an Heiligabend.

Bei mir im Sprechzimmer erzählte Lori, wie es ihr in den letzten Wochen ergangen war. Bereits nach fünf Tagen Testosterontherapie hatte sie bemerkt, dass etwas anders war. Sie

kam besser aus dem Bett, hatte wieder Energie. Es tat sich was. Ja, es tat sich ganz eindeutig was. Nach ca. zwei Wochen schlüpfte sie morgens zu Ray in die Dusche. Sie vergaßen die Zeit. Er verließ verspätet das Haus, an der Tür knutschten sie kurz, die Haare noch nass, aber die Herzen voll.

Ihr Sexleben war also wieder so, wie es Jahre vorher war. Es kam aber noch was sehr Erfreuliches hinzu: Loris schlimme Rückenschmerzen waren deutlich besser! Solche Beobachtungen machte ich immer wieder – mysteriöse, individuelle Beschwerden werden unter der HRT besser. Da Testosteron sich günstig auf die Muskulatur und Gelenke auswirkt, überraschte mich das aber nicht komplett.

Lori war noch in der Perimenopause und hatte alle paar Monate unregelmäßig eine Periode. Ich riet ihr, bei Einsetzen der Periode die Hormone für die Dauer der Blutung auszusetzen.

Nachdem sie sich eine Zeit lang mit ihrer neuen Hormonkombination eingegroovt hatte, rief sie mich an.

«Uns geht es immer noch super, nur gehen mir die Haare ein wenig mehr aus als sonst, glaube ich, und ich habe Pickel.»

«Okay, dann macht es Sinn, deine Werte zu kontrollieren, aber wenn du im Moment keine Zeit hast, zur Blutentnahme zu kommen, kannst du gerne schon mal ausprobieren, Testosteron zu reduzieren», sagte ich. «Versuche, es nur jeden zweiten Tag aufzutragen, und wir schauen, wie du dich fühlst. Wie ist es sonst?»

«Ich habe den Eindruck, ich muss mir die Beine alle drei Tage rasieren anstatt zweimal die Woche, wie du vorhergesagt hast. Das macht mir aber keine Sorgen, es scheint sich eingependelt zu haben. Die Haut wird also besser, wenn ich Testosteron reduziere? Geht dann die Lust wieder weg?»

«Nein, keine Sorge. Das probierst du aus. Mit der Zeit bekommst du die Balance hin, mit reiner Haut auf der einen

Seite und einer guten Libido auf der anderen. Was macht die Klitorisempfindlichkeit?»

«Gott sei Dank funktioniert mein Cookie wieder toll», sagte sie. «Ray kommt aus dem Marketing und sagte schon, du solltest einen Werbeslogan vorne an die Praxis hängen: Dr. de Liz makes cookies great again. Saving sex lives – one cookie at a time.»

Wir lachten beide.

«Im Ernst – das war life-changing, was du gemacht hast. Danke. Darf ich dich wieder kontaktieren, wenn ich Fragen habe?», fragte sie.

«Ich bestehe darauf», sagte ich. «Wir arbeiten im Team, wir zwei. Zum einen kontrollieren wir regelmäßig deine Blutwerte, zum anderen will ich hören, wie es dir geht. Mit der Zeit lernst du, deine Symptome selbst zu deuten, dann kannst du ab einem bestimmten Erfahrungslevel deine Hormongaben selbstständiger managen. Deine Symptome sind dein Navi. Ich bin nur die Stimme, die dann sagt: ‹In 200 Metern rechts abbiegen.›»

Was ich im Spaß gesagt habe, ist ein Hauptmerkmal der Perimenopausenmedizin und zugleich ein Grund, warum – zumindest bei der Hormoneinstellung – die übliche Massenmedizin schlecht funktioniert. Man muss als Ärztin Geduld, Muße und Zeit haben, die Patientin zu begleiten, weil jede Frau und jeder Weg individuell sind. Genau dieser Tatbestand ist es aber, warum das nicht jeder Arzt und jede Ärztin machen kann. Die Kapazitäten einer Durchschnittsgynäkologin sind limitiert, und die Zeit reicht oft nicht aus, im Day-to-Day einer Arztpraxis allen die notwendige Aufmerksamkeit zu geben. Das ist übrigens ein globales Problem, wie ich von meinen internationalen Kolleg:innen weiß, nicht nur ein deutsches.

Wir können nun warten, bis alle Regierungen dieser Welt

genug Geld lockermachen, um die korrekte medizinische Menopausenversorgung aller Frauen zu gewährleisten. Doch das ist unrealistisch. Wir haben nicht die Zeit, weitere Jahre zu verschwenden und uns auf Entscheidungsträger:innen in der Regierung zu verlassen.

Die gute Nachricht ist, dass man keine Ärztin sein muss, um kleinere Entscheidungen bezüglich der eigenen laufenden Behandlung zu treffen. Das machen Diabetiker:innen schon seit Jahrzehnten eigenmächtig. Es ist daher nicht nur wichtig, sondern auch wirklich für jede Frau möglich, Kapitänin ihrer eigenen Wechseljahre-Yacht zu werden. Wenn man einen Segelschein hat (und das Boot seetauglich ist), reicht es allemal, wenn man zweimal im Jahr in der Praxis andockt, um alles durchchecken zu lassen. Ansonsten wuppt man die Gezeiten und Wellen locker allein.

Fakten ohne Furcht: die Hormonersatztherapie

Es ist vermutlich spätestens jetzt an der Zeit, ein paar Worte über die Hormonersatztherapie, auch HRT genannt, zu verlieren. Um etwas gleich vorwegzunehmen: Ich bin aus voller Überzeugung Verfechterin der HRT. Mich bezahlt niemand, um das zu schreiben (und ich würde nie auch nur einen Cent annehmen). Für gute Medizin und die Wahrheit muss man sich nicht bestechen lassen, und man muss sie nicht verteidigen, sie verteidigen sich selbst.

Meiner Erfahrung nach sind die Wissensstände und auch die Meinungen darüber bei meinen Patientinnen ganz verschieden. Es gibt diejenigen, bei denen die Worte «Hormone» oder «Hormonersatztherapie» große Ängste oder innerliche

Abwehr auslösen, es gibt andere, die keinerlei Angst haben, und es gibt sehr, sehr viele, die sich irgendwo in der Mitte befinden. Dieser Abschnitt richtet sich an alle, denn es gibt News, die für alle Frauen dieser Welt lebensverändernd sein können:

Es ist für die mittelfristige und langfristige Gesundheit von Frauen deutlich besser, wenn sie ihre fehlenden Hormone ersetzen und ihre abgesunkenen Hormonspiegel wieder auf ein normales Level bringen, als nichts einzunehmen.

The Backstory – eine Netflix-reife Geschichte

Ein kurzer Recap aus der Geschichte der Hormonersatztherapie: In den 70ern und 80ern verwendeten in den USA Millionen von Frauen die HRT, und zwar eine synthetische «Kombi-Pille», die aus Pferdeurin gewonnen wurde. Diese synthetischen Hormone waren nicht ideal und entsprechen nicht dem, was man heute verwendet, aber sie hatten dennoch viele Vorteile. In mehreren Beobachtungsstudien wurde festgestellt, dass Frauen, die die HRT nehmen, einen deutlichen Benefit für ihre Herz-Kreislauf-Gesundheit haben gegenüber Frauen, die nichts nehmen. Die US National Institutes of Health (NIH) wollten sich aufgrund der millionenfachen Verordnungen nicht allein auf Beobachtungsstudien verlassen, sondern wünschten sich anhand einer großen Studie ein Statement über Vorteile oder Nachteile der HRT für die Herzgesundheit von Frauen. Außerdem waren aus historischer Sicht Frauen in großen Gesundheitsstudien bis dahin unterrepräsentiert. Eine große, möglichst lange Studie musste her, fanden die NIH, auch um die öffentlichen Gesundheitsempfehlungen von offizieller Seite her zu untermauern. Geboren wurde die WHI-1-Studie, eine große Studie mit Teilnehmerinnen aus vielen US-Bundesstaaten. Sie war primär also nicht als Menopausen-Studie konzipiert worden, sondern als Gesundheitsstudie für die Allgemeinheit.

Die Studie kostete 1 Milliarde US-Steuerdollar – damit war sie die teuerste Studie aller Zeiten, und das ist sie bis heute geblieben. Leider war die Studie fachlich Schrott, die Ergebnisse unsauber, der Studienleiter befangen, die Machenschaften unseriös und die Presse gierig nach Bad News. Das alles hat zu einer Karambolage geführt, deren Schäden bis heute nachhallen, obwohl die Studie in der Zwischenzeit als vollkommen diskreditiert gilt.

Lass uns das herunterbrechen:

Der erste Fehler trat schon beim Studiendesign auf. Wir halten noch mal fest: Die Studie war gar nicht dazu da, die Wirksamkeit der HRT auf Symptome zu untersuchen – sondern die Langzeiteffekte auf die Herzgesundheit von Frauen. Um hier eine nahezu absolute Objektivität zu erhalten, wollte man eine sogenannte Doppelblindstudie durchführen. Das bedeutet: Die Hälfte der Teilnehmerinnen bekam eine echte Hormontherapie, die andere Hälfte ein Placebo – also eine wirkstofffreie «Scheintablette». Weder die Frauen selbst noch die behandelnden Ärzte wussten, wer in welcher Gruppe war.

Warum ist das wichtig? Weil allein die Erwartung, ein wirksames Medikament zu bekommen, eventuell vorhandene Symptome nebenbei verbessern könnte. Dieser sogenannte Placeboeffekt könnte das Ergebnis verfälschen. Deshalb wählte man gezielt Frauen aus, die keine Hitzewallungen mehr hatten. Denn Frauen mit starken Beschwerden hätten sehr schnell gemerkt, ob sie echte Hormone bekamen oder nicht – und damit wäre die Verblindung aufgehoben gewesen. Da die meisten Frauen ab 60 keine Hitzewallungen mehr haben, lag das Durchschnittsalter der Frauen bei

63 Jahren. Viele hatten Vorerkrankungen. Das war nur einer der vielen Fehler in dieser Studie – und nur der Beginn der Tragödie.

Die Studie war außerdem so teuer, dass spekuliert wird, dass allein die Kosten ein möglicher Grund für das waren, was fatalerweise als Nächstes passierte: Der Hauptleiter der Studie, ein gewisser Dr. Jacques Rossouw, Kardiologe (merk dir diesen Namen), umging angeblich die anderen Studienleiter:innen in den verschiedenen Bundesstaaten und gab durch eine hinterlistige Aktion verzerrte Zahlen und plakative Aussagen unausgereift an die Presse.[25] Während einer routinemäßigen Sitzung aller Studienleiter:innen überraschte Dr. Rossouw die anderen Wissenschaftler:innen nicht nur mit seinen Ergebnissen, sondern mit dem bereits fertigen Artikel, der in 1,5 Stunden in einer renommierten Fachzeitschrift gedruckt werden sollte und dort bereits in der Redaktion fertig vorlag. Die anderen ärztlichen Leiter:innen der Studie waren sprachlos: Überraschende Ergebnisse oder Ereignisse während einer Medikamentenstudie müssen, wie es in der Wissenschaft üblich ist, von Kolleg:innen gegengeprüft werden, bevor man überhaupt zu einem endgültigen Ergebnis kommt. Die Kolleg:innen bemühten sich wohl fieberhaft, in der wenigen Zeit, die noch verblieb, den Artikel zu verändern, aber es nutzte alles nichts: Als die überarbeitete Version bei der Redaktion eintraf, hieß es: Zu spät – alles längst gedruckt und verpackt. Auf diese Weise geriet die Meinung und gewollte Auslegung weniger Wissenschaftler absichtlich zu früh an die Presse – und das vor dem Hintergrund, dass Rossouw in einem früheren Zeitungskommentar bereits sein persönliches Missfallen an der schnellen Verbreitung der HRT-Verordnungen generell geäußert hatte, jedoch ohne dafür einen zwingenden medizinischen Grund zu nennen.[26] Offensichtlich sollte die Verbreitung der verzerrten Ergebnisse dem Zweck dienen, die

Euphorie zu bremsen. Die neue «Wahrheit», die die Gesundheit einer ganzen Generation von Frauen auf dem Gewissen hat, lautete: Die HRT ist gefährlich, sie verursacht Brustkrebs, Schlaganfälle und Herzinfarkte. Das Lächerliche dabei: Es wurde mit erhobenem Zeigefinger vor einer Risikoerhöhung für Brustkrebs gewarnt, die noch nicht einmal als statistisch relevant gilt.

Um es ganz deutlich zu sagen: Es handelte sich um gezinkte Zahlen. Solche Ergebnisse fallen üblicherweise bei der Gegenkontrolle sofort auf und landen dann im Schredder. Die anderen Wissenschaftler:innen merkten natürlich, dass an den Zahlen etwas faul war. Doch die Proteste wurden umgehend im Keim erstickt und die Kolleg:innen mundtot gemacht mit der Begründung, allein der Hauch eines Verdachts auf eine Risikoerhöhung für Brustkrebs müsse aus emotionalen Gründen ausreichen, um vorzeitig die Notbremse zu ziehen. Bei einem Vortrag von Dr. Rowan Chlebowski, einer der Schlüsselfiguren der WHI-Studie in Kalifornien, wurden die Ergebnisse erneut präsentiert. Das irritierte viele Kolleg:innen im Raum, die das angegebene Risiko korrekterweise als nicht signifikant – also als nicht aussagekräftig – bezeichneten. Dr. Chlebowski antwortete mit den entlarvenden Worten: «Ja, wissen Sie, das stimmt. Und wissen Sie, was passiert? Was passiert, wenn es eine große Studie ist (…) und man es nicht wiederholen kann, weil es zu teuer ist? Dann sagt man halt, bessere Daten haben wir nicht, dann (…) muss die Statistik-Polizei eben den Raum verlassen.»[27] Viele Kolleg:innen, die sich nicht haben ins Boxhorn jagen lassen, wurden infolge der Studie beruflich diskreditiert, allen voran Dr. Langer, einer der Hauptwissenschaftler der Studie. Er wurde wegen seiner anhaltenden Kritik aus dem WHI-Gremium entfernt, mit der Begründung, dass es unerwünscht ist, Ergebnisse von Mitgliedern aus den eigenen Reihen in der Öffentlichkeit infrage zu stellen.[28] Kurz: Es war ein Desaster, das scheinbar nicht aufgehalten werden sollte.

BOOM.

Die HRT-News machten im Nu weltweit Schlagzeilen. Die Telefone in den Gyn-Praxen standen nicht mehr still, und manche Ärzt:innen wollten die HRT nie wieder verordnen. Verzweifelte Patientinnen, die mit ihrer Therapie bisher gut klargekommen waren, wurden von einem Tag auf den anderen abgekanzelt mit den Worten: «Wollen Sie Brustkrebs oder wollen Sie lieber schwitzen?» Die Zahl der Verordnungen stürzte in den USA von 45 Prozent aller Frauen auf 5 Prozent. Ich stelle mir diese 5 Prozent, die sich trotz aller schrillen Alarmglocken durchgesetzt haben, als sehr toughe Frauen vor, die sich nichts haben bieten lassen, wie Dorothy in *Golden Girls*.

Jahrzehnte später stellte sich schließlich heraus, dass sich diese 5 Prozent dank ihres Durchsetzungsvermögens eine längere und bessere Lebensspanne gesichert hatten: In einer großen Studie wurden die US-Krankenkassendaten von 10 Millionen (!) Frauen zwischen 2007 und 2020 untersucht, und man stellte fest, dass das Risiko für Brust-, Lungen- und Dickdarmkrebs deutlich gesenkt war, gerade wenn sie ein transdermales Östrogen und ein bioidentisches Progesteron verwendet hatten. Insgesamt war das Morbiditätsrisiko, also das Risiko, krank zu werden, bei diesen Frauen um 30 Prozent gesenkt.[29] Auch Herz-Kreislauf- und Demenzerkrankungen – die Frauen-Killer Nummer 1 und 2 – traten bei Probandinnen, die eine HRT machten, weniger auf. Bei denjenigen Frauen in der Studie, die ein synthetisches Gestagen oder eine orale Kombinationstherapie verwendet hatten, gab es ein leicht erhöhtes (10 bis 19 Prozent) Vorkommen an Brustkrebs. Das war eigentlich schon bekannt und ist auch der Grund, warum man heute lieber bioidentisches Gestagen (Progesteron) verwendet. Und es zeigte sich, dass Östrogene, die ohne künstliches Gestagen genommen werden, auch für Trägerinnen des Brustkrebsgens BRCA1 unproblematisch zu sein scheinen.[30]

In vielen anderen Studien sind die Gesundheitsbenefits von Testosteron untersucht worden. Es deutet beispielsweise einiges darauf hin, dass Testosteron helfen kann, Demenz abzuwehren, da Menschen mit niedrigeren Testosteronspiegeln eher anfällig für Demenz zu sein scheinen.[31] Auch die Knochengesundheit ist deutlich besser bei höheren Testosteronspiegeln.[32]

Wenn man die WHI-1-Studie heute mit transdermalem Östrogen, transdermalem Testosteron und oralem, bioidentischem Progesteron durchführen würde, wette ich, die Ergebnisse wären unbestreitbar eindeutig. Die nachgewiesenen gesundheitlichen Vorteile für die Frauen wären so offensichtlich, dass diese Diskussion, die hier und da nach wie vor von uninformierten Akademiker:innen und Journalist:innen geführt wird, ein für alle Mal beendet wäre. Ähnlich sieht das James Simon, Professor für Gynäkologie an der George Washington University, der eine Publikation über transdermales Östrogen und mikronisiertes Progesteron veröffentlichte, also die beiden Medikamente, die man heute in der modernen HRT verwendet.[33]

Ich könnte noch so viel mehr zur Sicherheit der HRT anführen. Für mich steht fest: Die Entscheidung dafür ist eine, die dein Leben retten könnte. Denn wer den Weg ohne HRT wählt, hat es deutlich schwerer. Die Gefahr für Osteoporose ist enorm. Man schätzt, ca. 50 Prozent aller Frauen werden im Laufe ihres Lebens ohne HRT eine osteoporotische Fraktur bekommen, und davon werden 30 Prozent im ersten Jahr nach der Fraktur versterben. Ich kenne kein anderes Mittel aus der Apotheke, das dein Leben und deine Lebensqualität derart verbessert wie eine HRT. Sport und Ernährung sind wichtige Säulen unserer Gesundheit, das ist klar, aber sie setzen wiederum eine gute Grundgesundheit voraus, die von der modernen HRT ermöglicht wird. Ohne HRT – wenn man nicht mal vaginales Östrogen nimmt, um die Harnblasen- und Scheidengesundheit zu gewährleisten – sind blöde Alterskrankheiten einfach vorprogrammiert, die dich deine Gesundheit und dein Leben kosten können. Das ist ein unnötiges Schicksal, das vermeidbar ist. Es ist mir eine Herzensangelegenheit, dass Frauen auf der ganzen Welt das verstehen. Wir Frauen, und zwar ganz gleich welchen Bildungsstands, welcher Herkunft oder welchen Alters, sind nämlich mit den richtigen Informationen sehr wohl in der Lage, Entscheidungen über unseren Körper selbst zu treffen. Solide Fakten sind das beste Mittel für eine vernünftige Entscheidung und das beste Gegenmittel gegen gezielte Panikmacherei.

Während ich diese Zeilen schreibe, weht in den USA bereits ein neuer Wind: In einer Sondersitzung der Food and Drug Administration (FDA) im Juli 2025 hat der Kommissar der FDA, Dr. Marty Makary, viele Spezialist:innen zu Wort kommen lassen, um die massiven Vorteile einer zeitig begonnenen HRT zu dokumentieren. Im Panel befanden sich viele Kolleg:innen, die ich von meiner amerikanischen WhatsApp-Arbeitsgruppe «Menoposse» kenne, unter anderem Dr. Kelly Casperson, Dr. Rachel Rubin und Dr. Heather Hirsch. Das Ergebnis dieser Sitzung war ein Lichtblick für uns: Die fürchterlichen Black-Box-Warnungen vor Krebs und Herz-Kreislauf-Erkrankungen – vergleichbar mit den Warnungen auf Zigarettenschachteln – sollten endlich von den Verpackungen von vaginalem Östrogen verschwinden. Zwischenzeitlich sind besagte Black-Box-Warnungen sogar von sämtlichen Hormonpräparaten entfernt worden, also auch von transdermalem Östrogen und von Progesteron. Es wird zwar im normalen

Beipackzettel darauf hingewiesen, dass gewisse Kriterien für die sichere Verwendung einer HRT erfüllt sein müssen, aber die Ära der Angstmacherei scheint ein Ende zu haben. Es war auch höchste Zeit!

Marty Makary selbst sagte von der WHI-1-Studie, sie sei der größte medizinische Fehler der letzten 30 Jahre gewesen und der Schaden, der Frauen dadurch entstanden sei, habe gigantische Ausmaße. Allein in den ersten 10 Jahren der Detonation der WHI-1-Bombe sind Schätzungen zufolge fast 90 000 Frauen aufgrund ihrer Vermeidung von Östrogen verfrüht gestorben.[34] Ich persönlich glaube auch, dass man eines Tages auf die Ära der HRT-Verteufelung zurückschauen und darüber genauso den Kopf schütteln wird wie über Lobotomien oder Elektroschocktherapie.

Noch ein pikantes Detail der FDA-Sondersitzung: Im Publikum saß ein gewisser Dr. Jacques Rossouw, ebenjener Mann, der für das verfrühte Melden falscher Zahlen an die Presse verantwortlich war und sich bis heute weigert, irgendwelche Fehler der Studie einzugestehen. Er schien sehr in die Jahre gekommen zu sein und trug Buttons mit der Aufschrift «The WHI Saves Lives!» und «I Love WHI». Wie man mir erzählte, stänkerte er während der Sitzung die ganze Zeit im Publikum rum und rief seine Kommentare in den Raum. Keine Einsicht – bis zum bitteren Ende. Was für eine traurige Gestalt. Das erinnert mich so an die typischen Netflix-Bösewichte: Sie haben den Kampf längst verloren, ihre Niederlage ist vernichtend, dennoch beharren sie darauf, auf der falschen Seite der Geschichte zu bleiben. Und wie in jeder guten Netflix-Serie gibt es neben den Bösewichten die Guten, die am Ende gewinnen und jubeln und feiern können: Das sind die Frauen von heute, ihre Töchter und Enkeltöchter. Das sind wir.

Nach Brustkrebs nie wieder HRT? Nicht unbedingt!

Generell sagen Gynäkolog:innen Nein zu einer HRT bei Patientinnen, die in der Vergangenheit Brustkrebs hatten. Dabei ist das nicht immer ein K.-o.-Kriterium: In den deutschen Leitlinien steht, dass im Einzelfall und nach sehr kritischer Diskussion mit der Patientin eine HRT vertretbar sein kann: «Eine HRT soll bei Frauen nach einem Mammakarzinom nicht durchgeführt werden. Im Einzelfall kann sie nach Versagen nichthormonaler Therapien und bei erheblicher Einschränkung der Lebensqualität erwogen werden.»[35]

Das ist zum Beispiel bei Rezeptor-negativem Status zu diskutieren (Betroffene wissen, was damit gemeint ist). Das andere ist ein sehr hoher Leidensdruck. Das muss aber letzten Endes die jeweilige Ärztin oder der Arzt vertreten können, ohne Angst haben zu müssen, dass sie oder er verklagt wird. Ich propagiere hier nicht (!), dass Kolleg:innen mit Bauchschmerzen und Sorge HRT verordnen müssen, nur weil eine Patientin das einfordert. Den Ärzt:innen ist hier auch kein Vorwurf zu machen. Ich sage nur, dass man es in einer guten Arzt-Patientin-Beziehung mit über die Jahre gewachsenem Vertrauen diskutieren kann, wenn der Leidensdruck der Patientin zu hoch ist. Ich persönlich kenne einige ärztliche Kolleginnen, die nach eigener Brustkrebserkrankung ihre HRT weitergenommen haben. Wen das Thema interessiert, dem empfehle ich sehr den Instagram-Account von Dr. Corinne Menn (@drmennobgyn), eine Gynäkologin, die mit Anfang 30 Brustkrebs bekam. Sie macht darauf aufmerksam, dass neben der eigentlichen Brustkrebserkrankung Frauen schweigend unter den Folgen der Chemotherapie und der antihormonellen Therapie leiden, wie beispielsweise, dass ihr Eierstock zu früh aufhört zu arbeiten. Diese Frauen kämpfen oft alleine und ungesehen mit den Folgen des Hormonmangels und den Nebenwirkungen der antihormonellen Therapie wie Osteoporose, Fibromyalgie, vaginalen Beschwerden, häufigen Harnwegsinfekten und vielem, vielem mehr. Dr. Corinne Menn setzt sich sehr dafür ein, Patientinnen mit Brustkrebs nicht allen Kollateralschäden der Erkrankung und der Therapie wortlos auszusetzen oder diese zu ignorieren, und hat das Thema wissenschaftlich rauf und runter recherchiert. Die Ergebnisse sind erstaunlich und regen zum Nachdenken an.

6.

Cuts Like a Knife – Schmerzen beim Sex und vaginale Atrophie

Ingrid Schmid stand auf meinem Terminplan als neue Patientin. «Schmerzen beim Sex, Verdacht auf Vaginismus» – das hatten meine Assistentinnen schon mal eingetragen, als Vorabinformation bei der Terminvergabe. Schon als sie mein Sprechzimmer betrat, dachte ich, dass wir ein falsches Geburtsdatum notiert haben mussten. Ingrid war 55, wirkte aber deutlich älter. Es dauerte einen Moment, bis ich begriff: Das lag nicht an den grauen Strähnen in den blonden Haaren, sondern an der Energie, die sie ausstrahlte, eine traurige, leise, abgestandene Energie. Sie hatte eine Apothekentüte voll mit angebrochenen Cremetuben dabei.

Mit hängenden Schultern setzte sie sich mir gegenüber. «Ich glaube, ich habe Vaginismus», sagte sie leise. «Ich habe das recherchiert und habe mir gleich solche Dehnungsstifte für die Vagina gekauft.» Sie holte sie aus ihrer Handtasche. Es waren fröhlich-bunte Stifte aus medizinischem Silikon, die sie nacheinander auf den Tisch legte, in absteigender Größe. Die Babuschkas der Dildos, nur ohne Vergnügen. Sie schämte sich spürbar. «Ich versuche das seit Monaten, aber es wird nicht besser.»

«Seit wann haben Sie diese Beschwerden? Schon immer?», wollte ich wissen.

«Nein», sagte sie, und Tränen traten ihr in die Augen. «Sex war früher sehr wichtig für mich ... für uns. Mein letzter Frauenarzt konnte mich irgendwann schon gar nicht mehr untersuchen und sagte, ich solle zum Psychologen gehen, ich hätte bestimmt Vaginismus. So bin ich überhaupt erst darauf gekommen.»

«Das heißt, früher war penetrativer Sex kein Problem. Wann hat es das letzte Mal geklappt?», fragte ich.

Jetzt fing Ingrid erst recht an zu weinen und erzählte mir ihre Geschichte. Seit dreißig Jahren war sie mit Michael verheiratet. Die beiden hatten sich in einem Urlaubsresort kennengelernt, wo sie Animateure waren. Nach ihrer Hochzeit arbeiteten sie dort weiter. Sie war für den Kinderclub zuständig und er für Surfen und Yoga. Es war ein tolles Leben, immer in der Sonne, immer zusammen, immer Abwechslung. Dann erkrankte Michael an Hautkrebs, der zum Zeitpunkt der Diagnose bereits ins Gehirn gestreut hatte. Und auf einmal, wie das so oft ist, änderte sich alles. Sie waren nur noch in Deutschland: Diagnostik, Tests, Erfolge, Rückschläge, Arztgespräche, bei denen es einem klamm ums Herz wird und die in Klinikzimmern stattfinden, die nach Sterilium riechen.

Während dieser Zeit begann Ingrids Periode, sich immer seltener zu zeigen. Sie wusste gar nicht mehr, wann sie ihre letzte Blutung hatte, es war aber in dieser Zeit. Wenn es gesundheitlich gerade ging und der Moment passte, versuchten Michael und sie, Sex zu haben, aber es wurde immer komplizierter. Sie hatte Schmerzen beim Sex, und irgendwann half auch kein Gleitmittel mehr. Ingrids damaliger Gynäkologe konnte keine Ursache finden und schrieb ihr diverse Salben auf.

Sie zeigte mir den Befundbericht des Kollegen: Die Vulva und die Vagina seien optisch «altersgerecht» und «ohne Befund». Ingrid war mehrfach auf Geschlechtskrankheiten getestet worden, die sie nicht hatte, und hatte diverse Antibiotikakuren für nachgewiesene Bakterien in der Vagina bekommen (die laut Befund allerdings harmlose Bakterien waren). Im Selbstversuch hatte sie fast alle Salben gekauft, die man in der Apotheke rezeptfrei bekommen kann, von Pilzsalben bis hin zu gängigen vaginalen Feuchtigkeitscremes, aber nichts brachte Besserung.

Vor zwei Jahren war Michael gestorben – bis zum Schluss war sie an seiner Seite gewesen und hatte seine Hand gehalten.

«Nach dem Tod von Michael habe ich eine Reizblase entwickelt. Dauernd habe ich eine Harnblasenentzündung und muss deswegen auch öfter Antibiotika nehmen. Mein alter Gynäkologe meint, das sei normal in meinem Alter.»

Als Ingrid das sagte, ahnte ich schon, was los war.

«Darf ich Sie untersuchen?», fragte ich. «Ich werde sehr, sehr vorsichtig sein. Sie können mir zu einhundert Prozent vertrauen.»

Sie schaute mir eine Sekunde in die Augen und sagte: «Ja.»

Sie entkleidete sich, setzte sich zur Untersuchung auf den gynäkologischen Stuhl und rutschte mit dem Gesäß bis an die Stuhlkante. Ich fange solche Untersuchungen mit neuen Patientinnen immer behutsam an, mit viel Zeit und viel Geduld, umso mehr, wenn der Genitalbereich mit Schmerzen verbunden ist.

Ingrids Vulva sah von außen normal aus. Vorsichtig, als würde ich einen Schmetterling berühren, hielt ich die kleinen Vulvalippen mit den angewärmten Instrumenten auseinander und schaute. Was ich sah, war keineswegs mysteriös und vor allem keineswegs unheilbar. In der Tat hätte das schon längst behandelt werden können oder gar verhindert. Der vaginale Eingang und die Harnröhrenöffnung waren an manchen Stellen sehr blass und an anderen himbeerrot.

«Frau Schmid, ich glaube, ich sehe das Problem. Sind die Schmerzen hier besonders intensiv?», fragte ich und berührte eine der roten Stellen, als würde ich einen Maikäfer streicheln.

Sie zog Luft ein und schreckte mit dem Becken hoch. «Ja! Woher wissen Sie das?»

«Man kann das sehen. Sie haben etwas, das man vaginale Atrophie nennt. Das entwickelt sich aufgrund des Hormonmangels in den Wechseljahren und trifft die ersten paar Zentimeter am Eingang der Vagina am härtesten. Das erklärt übrigens auch die Harnwegsinfekte, weil die Harnröhre und die Blase ebenfalls sehr vom Hormonmangel betroffen werden.»

Ingrid schaute mich erstaunt an. «Komisch, und ich laufe seit zwei Jahren zu meinem alten Frauenarzt, und er sagt, er vermutet, dass das Problem psychisch sei, weil alles normal aussieht.»

Ich war einen Moment still. «Hat er Ihnen mal eine Hormonsalbe verordnet für die Vagina?»

«Ich habe ihn danach gefragt, aber er sagte, die machen Krebs.»

Spätestens in diesem Moment wollte ich vom Hocker aufspringen, das Fenster aufreißen und aus tiefster Lunge rausschreien. Aber wie immer – ich behalte das alles für mich, nur du, liebe Leserin, erfährst, wie wütend ich in diesen Momenten werde.

Ich weiß, Kollegen-Bashing gehört sich nicht, und ich habe lange überlegt, ob ich das so schreiben soll, aber nach Jahren mit den immer gleichen Geschichten dieser Art steht es mir bis zum Hals, und die Wahrheit muss gesagt werden dürfen: Viele Kolleg:innen kennen die Fakten nicht und unternehmen nicht mal das Minimum, wenn es darum geht, die vaginalen Probleme und Harnblasenveränderungen in den Wechseljahren ernst zu nehmen. Diese vaginale Hormonsalbe ist nämlich wirklich harmlos, alle Frauen können sie verwenden – ja, auch die, die Brustkrebs hatten. Alle. Ja, wirklich. ALLE. Es gibt sogar neue Studien, die zeigen, dass Brustkrebspatientinnen eine bessere und längere Überlebensrate haben, wenn sie lokal in die Vagina Östrogen applizieren.[36] Man darf auch als Gynäkolog:in keine Angst vor einem veralteten Beipackzettel haben. Da stehen teilweise gruselige, medizinisch absurde Dinge drin. Die USA machen wie oben geschildert jetzt den ersten Schritt und ändern das, weil da so ein Blödsinn drinsteht, der Patientinnen und Ärzt:innen gleichermaßen verunsichert. Östrogenhaltige Salben oder vaginale Zäpfchen sind in der modernen westlichen Medizin nichts Exotisches. Im Gegenteil: Sie gehören längst zur Basisausstattung jeder Apotheke und sind in Europa auch nicht exorbitant teuer. Es gibt mittlerweile überhaupt keinen Grund mehr, sie nicht zu verordnen, und auch keine Ausreden mehr. Wer als Kolleg:in beleidigt ist, dass ich das schreibe, hat Pech. Sorry. Die Frauenwelt hat lange genug gelitten, und ihr Wohlergehen geht jetzt vor.

«Frau Schmid, die Hormonsalbe war schon die richtige Idee von Ihnen – man bekommt davon keinen Krebs, keine Sorge. Ich verordne sie Ihnen, und dann kriegen wir das wieder hin.»

Ich zeigte ihr eine Salbe, die ich zu Demonstrationszwecken immer dahabe, und erklärte ihr, wie sie sie anwendet.

«Viel hilft viel», sagte ich. «Verwenden Sie die Salbe jeden Tag für circa drei Wochen. Danach dürfen Sie es reduzieren auf 3- bis 4-mal die Woche, aber Sie müssen nicht. Und immer besonders darauf schmieren» – ich zeigte ihr die roten Ecken mit unserer Untersuchungskamera – «und hier unten bei 6 Uhr.»

Ich bestellte Ingrid für einen Termin in 4 Wochen wieder ein, um zu schauen, wie es läuft. Als sie das nächste Mal kam, war ihre Energie direkt spürbar anders. Sie lächelte und war guter Dinge.

«Es fühlt sich so viel besser an!», sagte sie, als sie sich dieses Mal locker auf dem Stuhl niederließ.

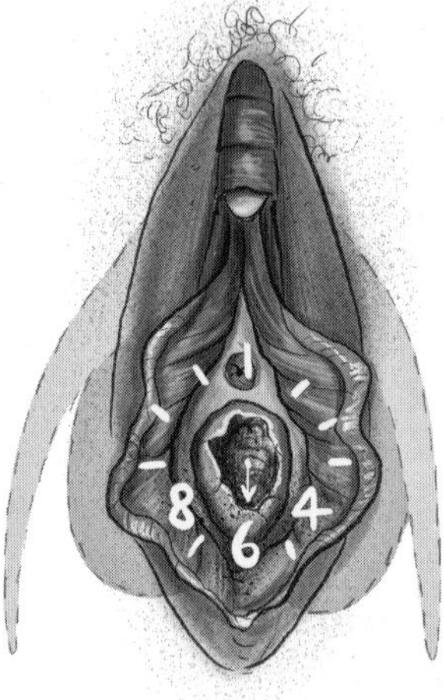

Die Vulva mit 4-, 6- und 8-Uhr-Stelle und Harnröhre

Als ich sie untersuchte, merkte ich schon: Die Haut sah wieder gut aus, keine himbeerroten Stellen. Die Haut am Eingang war gut befeuchtet. Der vaginale Eingang sah zufrieden aus, wie Ingrid selbst, und ich wette, wenn der Eingang hätte lächeln können, hätte er es getan. Schmerzen waren ein Ding von gestern, und ich konnte sie ganz normal untersuchen.

Obwohl es für mich Routine ist, freute ich mich sehr für Ingrid.

«Die Vagina sieht super aus!», sagte ich. «Ich glaube, sie ist wieder ganz die Alte, habe ich recht?»

«Ja!», sagte sie, und wir lachten beide.

«Ich kann jetzt problemlos die Dilatatoren einführen. Doch eigentlich brauche ich die gar nicht mehr. Es ist wie ein Wunder!» Sie strahlte. «Die Tube ist aber fast leer. Brauche ich ein neues Rezept, oder macht man einfach eine Salbenkur?», fragte sie.

«Eine exzellente Frage, danke, dass Sie nachfragen!», sagte ich. «Bitte diese Salbe für immer nehmen. Bis Sie 120 Jahre alt sind! Das hilft Ihnen auch, die Harnblase gesund zu halten. Am Empfang bekommen Sie ohne großes Tamtam jederzeit ein Folgerezept. Das wird ab sofort zu Ihrer Abendroutine im Bad gehören.»

Östrogensalbe
is the new Zahnseide 😊 –
nur schützen wir nicht
unser Zahnfleisch,
sondern die Vagina und die Blase!

Ich erklärte Ingrid weiter, dass für uns Frauen Östrogensalbe die neue Zahnseide ist – nur machen wir keine Parodontoseprophylaxe, sondern Atrophie-, Inkontinenz- und Zystitisprophylaxe. Ich fuhr fort mit meinen weiteren Anweisungen, denn das Thema Vorbeugung der vaginalen Atrophie ist so was wie mein Spezialgebiet: Man kann mit der lokalen vaginalen Salbe im Prinzip nur zwei Dinge falsch machen, und zwar wenn man sie zu sparsam verwendet oder zu selten. Ich empfehle, den doofen Plastikapplikator wegzuwerfen und stattdessen gut 2 Zentimeter Salbe auf den Finger zu nehmen und den vaginalen Eingang großzügig einzucremen. Wenn etwas übrig ist, einfach in die Gegend verschmieren, denn jeder Hautbereich freut sich über die Salbe. Sie verursacht, dass in der Vagina neues Kollagen aufgebaut wird, sich die Durchblutung verbessert und neue Zellen produziert werden. Die Befeuchtung wird besser, die Vaginalwand wird elastischer, und gute Bakterienstämme können wieder gedeihen und den pH-Wert in Ordnung halten. Die Vagina wird förmlich wieder zum Leben erweckt!

Vulva und Vagina *ohne* und *mit* regelmäßiger lokaler Östrogengabe – eine Timeline

Dein Leben:	***ohne* vaginales Östrogen**	**mit vaginalem Östrogen**
Perimenopause:	ab und zu Brennen/Jucken etwas Trockenheit ab und zu Schmerzen beim Sex	kein Brennen/Jucken alles feucht wie gewohnt keine Schmerzen
1–2 Jahre postmenopausal (PM):	trocken Brennen/Jucken Schmerzen beim Sex häufiger Ausfluss Inkontinenz häufiges Pipi häufiger nachts raus oft Blaseninfekte kleine Vulvalippen werden noch kleiner Klitoris auch kleiner	alles normal feucht kein Brennen/Jucken beim Sex alles gut Ausfluss normal Harnblase okay Pipi wie immer Nächte ruhig selten Blaseninfekte Vulvalippen unverändert Klitoris happy
5–10 Jahre PM:	Sex sehr schwierig kleine Vulvalippen sehr geschrumpft Inkontinenz schlechter	Sex problemlos Vulva wie immer Kontinenz okay
10–30 Jahre PM:	Sex nicht mehr möglich kleine Vulvalippen nicht mehr sichtbar vaginaler Eingang geschrumpft Inkontinenz macht jeden Ausflug zu einem Problem Urin fast immer mit Bakterien	Sex problemlos Vulva wie immer Eingang wie immer Inkontinenz kein Thema Urintests okay
30+ Jahre PM:	Windeln und Pflegestufe	Karibikkreuzfahrt, Sex mit Ronny (auf der Kreuzfahrt kennengelernt)

Aufgrund der Tatsache, dass die Harnblase, die Harnröhre, die Vagina, die Klitoris, die Vulvalippen und der empfindliche vaginale Eingang mit der Harnröhrenöffnung so viele Symptome und ja, auch Krankheiten unter dem Östrogenmangel entwickeln können, waren die Mediziner:innen dann doch in diesem Jahrhundert soziomedizinisch endlich so weit, dem Kind einen Namen zu geben. Der gesamte Themenkomplex heißt jetzt GSM, kurz für «Genito-Urinary Syndrome of Menopause». Der Begriff wurde 2014 offiziell von der International Society for the Study of Women's Sexual Health und der North American Menopause Society (seit 2023 nur noch «The Menopause Society») ins Leben gerufen.[37] Damit wurde auch dem Umstand Rechnung getragen, dass die bisherigen Begriffe wie «atrophische Vaginitis» oder auch einfach «vaginale Atrophie» die massive Beteiligung und Mitleidenschaft der Harnblase ignorierten.

Daher bitte alle merken – auch wer nicht sexuell aktiv sein möchte: Es geht bei der Gabe vaginaler Östrogensalbe entscheidend um die Gesundheit und vor allen Dingen die Zukunft der Harnblase und der eigenen Kontinenz. Das betrifft also durchaus alle Frauen, die, die im Kloster leben, und auch die älteren Frauen in deiner Umgebung – die Mutter, die Oma, die Tante, die Schwiegermutter. Tatsächlich wird fast jede Inkontinenz im Alter bei Frauen durch Hormonmangel maßgeblich verschlechtert, wenn nicht sogar primär durch den Mangel verursacht. Das ist ein weiteres, gut gehütetes Dirty Secret der Frauenmedizin, das fast jeder und jede kommentarlos hinnimmt. Dabei könnte man Inkontinenz, chronische Harnwegsinfekte bei älteren Frauen und deren Folgen drastisch verringern, wenn man jeder Frau ab 50 eine östrogenhaltige vaginale Salbe verordnen und diese Behandlung in jedem Altersheim weiterführen würde. Die Anzahl der älteren Frauen, die mit Urosepsis – also einer aufsteigenden Niereninfektion – auf der Intensivstation landen, wäre markant niedriger.

Meine Kollegin Dr. Rachel Rubin aus den USA hat die potenziellen Einsparmöglichkeiten für das US-Gesundheitssystem recherchiert und herausbekommen, dass jährliche Ersparnisse von 2 Milliarden US-Dollar (!!) möglich wären, wenn man allen Frauen ab der Menopause prophylaktisch vaginales Östrogen anbieten würde.[38] Ich wette, die Zahlen sähen in Europa ähnlich aus.

> ***Geschätzte 2 Milliarden US-Dollar könnten jährlich im amerikanischen Gesundheitssystem eingespart werden, wenn alle postmenopausalen Frauen vaginales Östrogen bekommen würden!***

Übrigens, wenn das Problem GSM Männer betreffen würde, wette ich, das Thema wäre Prio eins bei Pharmaunternehmen und Regierungen. Pfizer würde vielleicht Viagra im Doppelpack mit einer Tube Hormoncreme verkaufen. Die Arbeitsausfälle von Männern wegen Harnwegsinfekten würden großes Bedauern hervorrufen, vermutlich gefolgt von Beteuerungen, dass sie ja so viel arbeiten müssen.

Aber ich schweife ab …

Ich machte bei Ingrid noch einen Krebsabstrich, was wegen der Schmerzen länger nicht möglich gewesen war, und wir besprachen die Vorteile einer Hormonersatztherapie, da davon auszugehen war, dass ihre Hormonwerte insgesamt zu niedrig waren. Wir nahmen ihr Blut ab, um die Ausgangswerte zu sehen, und verabredeten uns für einen anderen Termin, um alles Weitere festzulegen.

Ich war froh, dass wir Ingrid helfen konnten und sie keinen Vaginismus hatte, denn das hätte den Gang zu einer Sexualtherapeutin bedeutet, und ich weiß nicht, ob Ingrid dafür bereit gewesen wäre oder ob sie dann vollkommen resigniert hätte.

Weil so viel Unwissen über Vaginismus herrscht, sollten wir uns das eben kurz anschauen: Vaginismus ist ein unfreiwilliges Zusammenkrampfen der Beckenbodenmuskulatur, das eine Penetration der Vagina unmöglich macht. Dieses kann bereits durch kleinste Berührungen in der Nähe, etwa an der Innenseite der Oberschenkel, ausgelöst werden. Die betroffenen Frauen entwickeln daher schnell Panik vor jeglicher Berührung, die sie alleine gar nicht kontrollieren können. Insofern hat Vaginismus dieselbe klinische Relevanz wie eine ausgeprägte Phobie vor Aufzügen oder vor dem Fliegen. Die gute Nachricht ist, dass man das Problem durch eine gezielte Behandlung bei einem ausgebildeten Therapeuten oder einer Therapeutin relativ leicht beheben kann.

Viele verwechseln die Begriffe Vaginismus und Dyspareunie, was eigentlich nur ein schlauer Begriff für «Schmerzen beim Sex» ist. Diese kann man wie Ingrid aufgrund einer vaginalen Atrophie haben, aber es gibt noch andere vaginale Erkrankungen, die durch den Hormonmangel ausgelöst werden und begleitend zur Atrophie on top kommen können. Sie treten oft erst in den Wechseljahren oder im postmenopausalen Zustand auf, das jedoch relativ häufig – man vermutet, dass zwischen 3 und 9 Prozent aller Frauen im Laufe ihres Lebens betroffen sein können. Daher sollten wir uns kurz mit zwei weiteren Krankheitsbildern beschäftigen, die oft als «Pilz» fehldiagnostiziert werden.

Lichen sclerosus atrophicans (kurz: Lichen sclerosus)

Lichen sclerosus ist eine Autoimmunerkrankung, die die Kollagenfasern in der Vulvahaut angreift. Das führt zu Juckreiz, oft nachts, der sporadisch auftreten, aber auch unerträglich werden kann. Man sieht oft, aber nicht immer, weiße, blasse Stellen an der Vulva und im vaginalen Eingang, die jucken können. Die Bandbreite der Erscheinungsformen ist recht groß: Lichen sclerosus kann man zum Beispiel nur an einer umschriebenen Stelle an der Vulva oder auf dem Vulvahügel haben, während andere den Befall lediglich an den kleinen Vulvalippen haben. Wiederum andere haben weiße, harte Verhornungen, oder die befallene Haut ist gerötet und juckt vor allem nachts sehr. Manche haben milden Juckreiz, bei anderen ist der Juckreiz so schlimm, dass sie das Haus nicht verlassen wollen. Bei vielen Frauen sieht man eine typische «8» um die Vulva und um das Poloch:

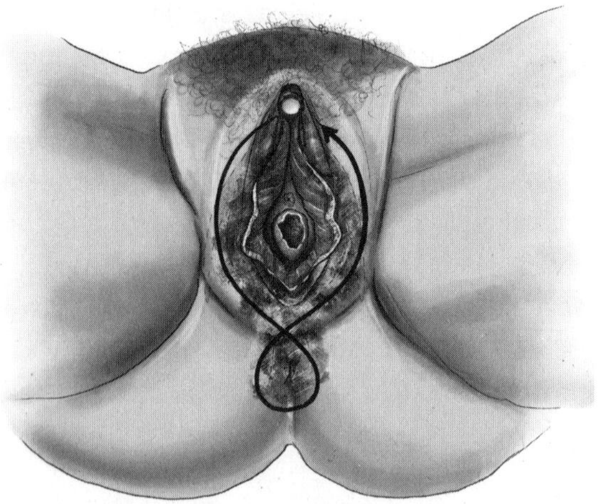

Typischer Hautbefall bei Lichen sclerosus

In späteren Stadien können die Vulvalippen verschwinden, und die Klitoris kann verkleben, man nennt das «Buried Clitoris». Dabei ist die Kapuze der Klitoris zunächst teilweise verklebt, und man sieht nur einen Miniteil des Klitoriskopfes. Später ist die Haut um die Klitoriskapuze vollkommen zugewachsen. Die Klitoris wird quasi lebendig begraben.

Auch der Damm kann sehr unelastisch werden, sodass er beim Sex unangenehm einreißt. In späteren Stadien kann ohne Östrogensalbe der Eingang sehr schrumpfen und vernarben, sodass eine Penetration schwierig wird. Auch ein Verkleben der Vaginalwände ist möglich.

Bis zu 10 Prozent aller Frauen werden im Laufe ihres Lebens Lichen sclerosus entwickeln, was nicht wenig ist. Sehr oft wird die Erkrankung jedoch nicht erkannt und jahrelang als hartnäckiger «Pilz» fehlbehandelt. Wie viele andere Autoimmunerkrankungen auch tritt Lichen sclerosus sehr, sehr häufig in oder nach den Wechseljahren in Erscheinung.[39] Wenn du vermutest, dass du Lichen sclerosus haben könntest, oder es zumindest ausschließen möchtest, kannst du eine Hautbiopsie bei deiner Hautärztin machen lassen oder aber dich in eine Dysplasie-Sprechstunde bei einem spezialisierten Frauenarzt überweisen lassen. Die Therapie besteht oft in einer Kur mit Kortison, das 6 Wochen lang täglich und danach einmal die Woche verwendet wird.

Ich habe sehr gute Erfahrungen mit einer CO_2-Laser-Behandlung gemacht, mit der man die Erkrankung in ein Ruhestadium bringen kann, damit wieder ein normales Sexleben möglich wird und um den Fortschritt mit Verlust der Vulvalippen zu vermeiden. Diese Laserbehandlung ist kostspielig und wird meistens nicht von Krankenkassen bezahlt, dennoch ist sie effizient. Außerdem empfehle ich fast immer die konsequente, kontinuierliche Anwendung einer lokalen Östrogensalbe. Es gibt auch sehr gute Erfahrungen mit

DHEA-Zäpfchen: DHEA wird als Hormonvorstufe umgewandelt in Östrogen und Androgene. Es gibt neben den Östrogenrezeptoren sehr viele Rezeptoren für Androgene, gerade am Eingang der Vulva. Werden sie stimuliert, dann geschehen wunderbare Dinge in der Haut: Kollagen wird gebildet, Entzündungszeichen der Haut gehen zurück, das Gewebe wird elastischer und kann heilen.

Lichen ruber planus (kurz: Lichen planus)

Lichen planus ist ein Krankheitsbild, bei dem man oft im Mund, an den Unterarmen oder anderen Körperstellen juckende, kleine Knötchen (Papeln) bekommt mit weißlichen Streifen. Bei vielen Betroffenen gibt es auch Herde in der Vulva und der Vagina, was sehr unangenehm sein kann. Beim Lichen planus der Vagina kommt es zu einer sehr schmerzhaften vaginalen Entzündung, die ebenfalls zum Schrumpfen der kleinen Vulvalippen führen kann. Oft sieht man, dass die oberste Hautschicht weg ist, so wie bei einer Blase am Fuß. Diese sogenannte erosive Form kann dazu führen, dass die Vagina verklebt und vernarbt und nicht mehr penetrierbar ist. Die Klitoriskapuze kann auch hier beteiligt sein und durch die Hauterosion verkleben und verwachsen. Man begegnet auch Kombi-Formen, also Lichen sclerosus und Lichen ruber planus.

Es sind deutlich mehr Frauen als Männer von Lichen planus betroffen, und meistens tritt die Erkrankung zwischen dem 50. und 65. Lebensjahr auf, sodass man sie mit der Perimenopause und Menopause in Verbindung bringt.[40] Auch hier besteht die Therapie in einer Behandlung mit einer Kortisoncreme, wobei ich hier ebenfalls mit dem CO_2-Laser gute Erfahrungen gemacht habe. Da meistens ein lokaler Hormonmangel besteht, ist es unerlässlich, eine Östrogensalbe zu verwenden, das macht die Vaginalhaut generell widerstandsfähiger.

Fazit: Bitte einen immer wiederkehrenden Juckreiz oder Irritationen nicht einfach als Pilz hinnehmen. Wenn es nach der dritten Tube Pilzcreme nicht weggeht, gehe bitte auf Ursachenforschung, um Lichen sclerosus oder Lichen planus auszuschließen. Lasse dich vom Arzt weder abspeisen noch wegschicken, sage ganz konkret (und wenn es sein muss: resolut), du möchtest eine Hautbiopsie oder in eine Dysplasie-Sprechstunde überwiesen werden.

Wie pflege ich meine Vulva?

Seit ich Gynäkologin bin, werde ich immer wieder mit der Frage konfrontiert, wie man denn die Vulva pflegen soll. Wenn wir von der alltäglichen Pflege sprechen, ist es erst einmal wichtig zu betonen, dass die Vulva naturgemäß nicht besonders schmutzig ist. Man muss sie nicht schrubben, und auch bitte, bitte nicht nach jedem Pinkeln waschen. Die Vulva ist kein Hygieneproblem; sie ist ein lebendiges, sich mit den Gezeiten der Hormone wandelndes Organ, das unseren Respekt verdient. Die Haut außen an der Vulva ist nicht vergleichbar mit der an unseren Armen oder Beinen, sondern eher mit der zarten Haut des Augenlids. Genauso sorgsam sollte man mit ihr umgehen.

Wir als Ärzt:innen propagieren, dass man die Vulva nur mit Wasser waschen sollte, mehr nicht. Wenn ich das sage, bekomme ich oft einen Blick, der sagt: «Sheila, du checkst es nicht.» Ich weiß, wir Menschen haben das Bedürfnis, uns sauber zu fühlen, zumal wir im Schritt und zwischen den Pobacken schwitzen und es Bakterien vom sehr schmutzigen Nachbarn, dem Poloch, geben kann, die in der Vulva und um sie herum in Form von Infektionen eine Party feiern wollen. Daher empfehle ich, wenn man sie waschen will, die Vulva so zu behandeln, als wäre sie das Augenlid. Das bedeutet: Waschen gerne, aber mit einer Waschsubstanz mit dem richtigen pH-Wert. Bitte nur in den Leisten verteilen, maximal zwischen großen und kleinen Vulvalippen, und das Poloch und die Poritze waschen. Den vaginalen Eingang behandelt man wie den Augapfel – keine Seife rein! Alles hinterher gut trocken tupfen (gerade Leisten und Poritze – sonst drohen Pilze).

Dafür, dass die Haut an der Vulva, am Damm und an den kleinen Vulvalippen so zart ist wie die des Augenlids, wird sie täglich vielen Reizen ausgesetzt: zu enge Unterhosen, Fahrradsattel, hartes Wasser, Rasuren, raues Toilettenpapier, Slipeinlagen etc. Wenn noch andere Faktoren hinzukommen, wie bei vaginaler Atrophie, nach der Rasur oder wenn die Außenhaut schlicht trocken und empfindlich ist, empfehle ich die routinemäßige Pflege nach dem Duschen mit einem Öl. Dafür sowie für kleinere Entzündungen oder Irritationen eignen sich hervorragend Rizinusöl, Sesamöl, Vitamin-E-Öl, Jojoba- oder Kokosöl. Wie immer gilt aber: Bei generell empfindlicher Vulvahaut immer einen Patchtest vorher durchführen, also an einer kleinen Stelle zunächst probieren, ob die Haut damit auch fein ist.

Eine der am häufigsten von anderen Ärzt:innen empfohlenen Salben ist auf Mineralölbasis und im Prinzip eine überteuerte Vaseline. Finde ich persönlich wegen der Erdölkomponente nicht geil, da gibt es sicherlich Besseres als einen Inhaltsstoff, der aus Petroleum gewonnen wird. Vaseline hält aber gut Feuchtigkeit von der Haut fern, ist also beim Schwimmen im Baggersee oder in stark chloriertem Wasser sicherlich nicht ganz verkehrt, aber wirklich nur dann. Für den täglichen Einsatz aber würde ich eher zu wertvolleren Ölen greifen. Dafür ist unsere Vulva zu wertvoll, sie hat kostbare, wirksame Öle aus der Natur verdient und keine Mineralöle.

7.

I Can’t Make You Love Me – Wenn einer keine Lust hat

Mrs. Caine kam mal wieder zu ihrer Krebsnachsorge. Sie war eine beeindruckende Person – 82, fit, immer geschminkt und gut gekleidet, das Halstuch passend zur Handtasche. Sie hatte vor 5 Jahren Brustkrebs im Frühstadium so en passant und beiläufig durchgestanden, als hätte sie lediglich ihre Haarfarbe verändert, und eigentlich wollte sie gar nicht mehr darüber reden. Stattdessen sprachen wir oft von ihrem verstorbenen Ehemann. Sie war 40 Jahre lang mit einem hochrangigen US-Air-Force-Offizier verheiratet gewesen. Die beiden waren kinderlos geblieben, und sie hatte alles dafür arrangiert, dass sie eines Tages neben ihm auf dem Militärfriedhof in Virginia beigesetzt würde. Ich liebte es, die alten Geschichten von ihr und ihrem Mann zu hören. Einmal hatte sie mir ein altes Foto gezeigt: ein schnittiger Mann in Uniform und sie als freche, junge Frau – herrlich.

Bei diesem Besuch habe ich sie gefragt, was das Geheimnis einer erfolgreichen Ehe sei.

Sie streckte einen Finger in die Luft.

«NEVER CRITICIZE HIM!», sagte sie und riss ihre Augen groß auf.

Sie betonte ihre Worte noch mal und hielt ihren Zeigefinger noch höher in die Luft.

«NEVER! Und schlafen Sie alle 14 Tage mit ihm, damit Ruhe ist.»

OMG. Ich hatte schon mit dem ersten Teil ihrer Aussage Probleme, aber Teil 2 klang mir schon sehr nach 1955. Doch es sollte sich herausstellen, dass die alte Mrs. Caine gar nicht so falschlag, wie ich dachte. Auch wenn das sehr dogmatisch klang, war ein wenig Weisheit in ihren Worten zu finden, wenngleich in völlig anderer Hinsicht. Jahre später hörte ich nämlich tatsächlich in einem Interview mit einer amerikanischen Sexologin diesen Satz: «Wer seltener als alle 14 Tage mit seinem Partner Sex hat, sollte sich auf die Suche nach den Gründen machen.»

Oy. Diesen Satz habe ich später einmal in einem Podcast wiederholt, in dem ich als Gast eingeladen war, natürlich mit einer Erläuterung, wie er denn zu nehmen sei. Die Aussage hat dennoch für Furore gesorgt, weil sie den Mythos von «einmal alle 3 Monate reicht» erschüttert. Das will niemand hören, erst recht nicht jemand, für den Sex eine Dauerbaustelle in der Beziehung ist.

Dr. Stephen Snyder, ein hoch angesehener Sexualtherapeut aus New York, sieht die Angelegenheit noch enger: Er ist wissenschaftlich davon überzeugt, Sex sollte einmal in der Woche stattfinden. Sonst höre er auf, ein wesentlicher Bestandteil der Beziehung zu sein. Dies funktioniert aber nur, wenn die Baseline der Beziehung in Ordnung ist. Lass mich das kurz erläutern.

Die Baseline einer Beziehung ist die Ausgangsbasis. Die Baseline enthält zum Beispiel zu Beginn einer Beziehung viel Sex, egal zu welcher Tages- oder Nachtzeit. Dies liegt unter anderem daran, dass wir diese neue Beziehung mit dem gesündesten Teil unseres Selbst beginnen. Daher sind wir auch oft so optimistisch zu Beginn einer Liebesbeziehung: weil wir die optimale Version unseres Selbst erleben. Diese neu erlebte

Nähe führt zu viel Sex, was wiederum zu mehr Nähe führt. «Liebe machen» verursacht oft, dass man den anderen noch mehr liebt und im Idealfall bald wieder mit ihm oder ihr schlafen will. Deswegen heißt es ja so.

Nach einiger Zeit pendelt sich die Anfangseuphorie meistens auf einem Niveau ein, das die alltäglichen Interaktionen und gemeinsamen Wünsche beider Partner widerspiegelt. Dies empfinden einige zunächst als etwas enttäuschend, vor allem Männer bemängeln häufig die nachlassende sexuelle Frequenz. Tatsächlich ist aber oft das Gegenteil wahr: Die Beziehung ist dann am stärksten, wenn wir uns nicht nur von unserer besten Seite zeigen, sondern von unserer ehrlichsten Seite. Und solange beide Partner sich in dieser Ehrlichkeit wiederfinden und ihre eigene Sexualität erfüllt bekommen, können sie in der gemeinsam gewonnenen Baseline der Beziehung oft die stärkste und dauerhafteste persönliche Entwicklung erreichen. Der Puls bleibt für beide stabil.

Wenn sich aber im Verlauf einer Beziehung die Baseline verändert, etwa durch Krankheit, Vertrauensbrüche, Arbeitslosigkeit, Dauerstreit etc., kann es schwieriger bis unmöglich sein, wie früher unbeschwert Sex zu haben. Da trifft die Zwei-Wochen-Regel selbstverständlich nicht zu. Und ganz sicher ausgenommen sind hiervon chronische Zustände wie Schmerzen, Depressionen oder Krankheiten, die die Baseline der Beziehung nachhaltig verändern.

Wenn die Baseline aber eigentlich in Ordnung ist, möchte ich wieder auf die Zwei-Wochen-Regel verweisen: Wenn 14 Tage vergehen und es kommt nicht zum Sex, sollte das Warnstufe Gelb auslösen, und zwar für dich, deine Gesundheit und dein Leben. Es kann zum Beispiel sein, dass du dauernd erschöpft bist, weil du zu viel um die Ohren hast. Wer generell zu busy im Leben ist, ist meist auch zu busy für Sex. Du fühlst dich vielleicht gerade sehr fremdbestimmt, und das Leben, das du momentan führst, ist nicht das, was du willst.

Noch mal zur Erläuterung: Alarmstufe Gelb ist dann ernst zu nehmen, wenn sonst nichts außergewöhnlich ist. Wer gerade eine Grippewelle bei sich zu Hause erlebt, dank der alle Familienmitglieder eins nach dem anderen krank geworden sind, und das Ganze zieht sich 4 Wochen hin – darüber rede ich nicht. Auch nicht über Situationen, in denen das Leben dazwischenkommt: ein Umzug, die Schwiegermutter quartiert sich ein, man hat eine Baustelle im Haus, man hat eine OP frisch hinter sich.

Vielleicht konntest du deshalb Sex und deine Beziehung nicht priorisieren. Das geht eine Zeit lang gut, und eine gesunde Beziehung hält das auch aus. Aber fehlende Intimität ist wie Korrosion an der Basis der Beziehung. Die Korrosion kann die Basis langsam, aber sicher verändern, sodass man irgendwann nur noch Kumpel und Kumpeline ist oder der Ehepartner lediglich ein WG-Mitbewohner oder Kindererziehungspartner. In seiner abgespecktesten Version fungiert Sex als Kleber, der uns zusammenhält, damit die Macken des anderen uns nicht zu sehr auf den Zeiger gehen. Guter Sex kann also heilen – man muss ihn nur als eine Priorität in seinem Leben würdigen.

Langeweile und schlechter Sex

Doch manchmal hat man auf den Sex, der zur Verfügung steht, einfach keine Lust. Das liegt offen gestanden nicht selten an dem erlebten Sexakt, der aus vielen handfesten Gründen tatsächlich enttäuschend ist. In dem Arsenal von Geschichten, die ich über die Jahre zu hören bekommen habe, fanden sich auffällig oft dieselben Themen. Viele Menschen – oft Männer – «verschwinden» beim Sex. Sie scheinen in ihre eigene Welt abzutauchen und vergessen komplett, dass da noch jemand anderes im Bett ist. Es kann deshalb keine gute Connection hergestellt werden, die Seelen docken nicht aneinander an.

Oft habe ich auch gehört, der Partner interessiere sich nicht wirklich für einen. Der dann stattfindende Koitus ist häufig eine Reflexion all dessen, was in der Beziehung nicht funktioniert. Eine Frau sagte zu mir, sie hätte beim Sex mit ihrem sehr egoistischen Ex-Freund den Eindruck gehabt, er würde sie begehren und gleichzeitig sei sie ihm eigentlich egal. Das kann zu sehr einsamem Sex führen, und niemand will einsam sein beim Sex; dann, sagten viele Frauen, lieber gar keinen.

Manchmal sind unreife Handlungen ein Teil des Problems, wie das Drängen auf nahezu sofortige Penetration, wenn die

Frau gerade erst warm wird und noch gar nicht so weit ist. Man möchte es nicht glauben, aber das ist nicht allein ein Problem von jungen Paaren. Nach vielen, vielen Patientinnen-Berichten kann ich bestätigen, dass Männer bis ins hohe Alter derart unreife Verhaltensweisen zeigen und diese nicht nur auf die Jugend beschränkt sind.

Manche Menschen machen wieder und immer wieder dieselben Fehler im Bett, weil sie die offensichtlichen Zeichen (zum Beispiel Grimassen, Schweigen anstatt Stöhnen etc.) nicht bemerken wollen oder, noch schlimmer, schlicht nicht zuhören, wenn die Partnerin ihre Wünsche äußert. Manche Menschen sind im Bett und sonst im Leben irgendwie fest in sich verschlossen, man bekommt nicht den Kontakt zu ihnen im Schlafzimmer, weil sie den Kontakt zu sich selbst beim Sex nicht gefunden haben. Ob sie nie wirklich ein sexuelles Bewusstsein erlangt haben, sich nie in ihrem Körper zu Hause gefühlt haben oder sich mit ihrer sexuellen Seele nie angefreundet haben, darüber können wir an dieser Stelle nur spekulieren.

Viele dieser Menschen haben einen Reifungsprozess im sexuellen Werdegang nicht vollzogen, fast wie eine Entwicklungsstörung im Intimleben. Auf unterentwickelte Intimität haben die meisten erwachsenen Frauen nicht so recht Lust. Daher muss in solchen Fällen ein Sexualtherapeut her, um der Sache auf den Grund zu gehen, gerade wenn man sein Sexleben und die Beziehung retten will. Der Gang zum Sexualtherapeuten ist auch unerlässlich bei vorzeitiger Ejakulation oder anderen chronischen Störungen wie Erektionsproblemen, die rein seelisch bestimmt sind und auf Viagra nicht ansprechen.

Aber auch im Alltag von ansonsten funktionstüchtigen Beziehungen gibt es eine häufige Beschwerde: fürchterliche Langeweile. Der Sex läuft immer gleich ab, ist fantasielos, uninspirierend. Männer fühlen sich angeblich oft wohler in Routinen im Schlafzimmer als Frauen, daher sind es oft die Frauen, die versuchen, mit Accessoires das Sexleben etwas aufzupimpen, etwa mit Sextoys oder einem neuen Negligé. Dagegen ist im Prinzip nichts einzuwenden, wenn diese Dinge wohldosiert eingesetzt werden – etwa mehr als «Partydroge» anstatt als «Medizin» für eine kranke Beziehung. Wie gesagt: Guter Sex kann heilen, aber wie bei Medizin kommt es auf den Wirkstoff und nicht auf die Verpackung an.

Apropos Drogen: Alkohol und andere Drogen sind eine sehr, sehr schlechte Idee, um guten Sex herbeirufen zu wollen. Unter Alkohol- und Drogeneinfluss empfindet man weniger, die Orgasmusfähigkeit nimmt ab, und ein richtiges, beflügeltes Erlebnis bleibt oft aus. Auch wenn die legendäre Dr. Ruth Westheimer in ihren Büchern ein Glas Rotwein zur Lockerung empfiehlt, damit Sex nicht so wehtut (stilles Kopfschütteln beim Schreiben): Lass bitte die Finger davon. Der Schlüssel zu besserem und bestem Sex findet sich in uns selbst und nicht außerhalb. Das lernen wir alles im dritten Teil, und ich freue mich schon darauf, dir hierfür ebendiesen Schlüssel in die Hand zu drücken.

Der Mann in stiller Verzweiflung – Wenn er nicht will

Was ist aber, wenn es nicht an dir liegt, sondern an deinem Partner? Wenn ein Mann sich sexuell zurückzieht, kann das neben physischen Gründen vielleicht auch seelische haben. Ich werde ein paar der üblichen Verdächtigen aufführen, natürlich ohne Anspruch auf Vollständigkeit. Wir gehen jetzt davon aus, dass er nicht heimlich jemand anderes trifft, eine Pornosucht hat, sich schlecht aufführt, weil er will, dass du die Trennung aussprichst, oder er (wie deine Freundinnen immer schon vermutet haben) tatsächlich doch heimlich homosexuell ist.

Eine wichtige Grundregel im Umgang mit Menschen allgemein und besonders mit Männern ist: Verhalten ist eine Sprache. Daher ist es extrem wichtig, beim Mann nicht so sehr darauf zu achten, was er sagt, als vielmehr darauf, was er tut bzw. nicht tut. Wir glauben, dass ein Mann immer Sex haben will. Das bedeutet aber nicht, dass er unbedingt Sex mit einer Partnerin haben möchte, von der er glaubt, es ihr niemals recht machen zu können. Das ist nämlich einer der häufigsten Gründe für einen Mann, sich aus der sexuellen Beziehung zurückzuziehen: weil er sich nicht wertgeschätzt fühlt. Dabei muss sich die Partnerin gar nicht unbedingt seinetwegen oder wegen seines Verhaltens groß beschwert haben. Allein wenn sie stets unzufrieden ist oder generell genervt wirkt, glaubt er, dass das in irgendeiner Form mit ihm zu tun hat und dass er verantwortlich ist. Die sexuelle Temperatur stagniert bestenfalls, schlimmstenfalls sinkt sie.

Jeder Mann – und insbesondere ein Mann, dem die Beziehung wirklich wichtig ist – braucht von seiner Partnerin das Gefühl, dass er wertvoll ist. Dass er nützlich ist. Dass er Besonderes leistet. Wenn er keine ausreichend klaren positiven Anzeichen dafür bekommt, setzt nicht selten als Erstes eine schleichende Verzweiflung und dann nach und nach eine Art wunde Erschöpfung ein.

Wenn die Partnerin sich dann auch noch ständig unzufrieden äußert, und zwar ganz gleich weshalb, bekommen viele Männer die Befürchtung, dass ihre Bemühungen für die Katz sind und dass sie die Beziehung nicht positiv beeinflussen können. Diese Enttäuschung führt zur beginnenden Resignation. Er beginnt vielleicht sich zu fragen, ob es die Mühe überhaupt wert ist. Sobald dieses «Aufrechnen» stattfindet, wird Sex zunehmend zur Pflichterfüllung, was am Ende des Tages natürlich niemandem mehr eine richtige Erfüllung bringt. Ein verletzter, ängstlicher oder gekränkter Mann hat oft keinen Sinn für Intimitäten, erst recht nicht, wenn sie auch noch eingefordert werden. Sollte er es dennoch versuchen, haben viele Probleme, eine Erektion zu bekommen oder diese auch stabil zu halten. Da ist sie wieder, die sexuelle Seele. Dieses Mal ist es seine sexuelle Seele, die Nein sagt und es über den Penis als Botschafter kommuniziert.

Jetzt folgt das nächste Problem: Wenn eine Frau sich nicht begehrt fühlt, wird sie erst recht unzufrieden. Dieses Gefühl, nicht gewollt oder attraktiv zu sein, bringt eine weitere schädliche Dynamik in die Beziehung, und sie ist geneigt, sich noch mehr über alles Mögliche zu beschweren. Eine Abwärtsspirale wird in Gang gesetzt.

Also was tun? In dem Film *Das geheime Leben von Walter Mitty* heißt es: Jeder Mann führt ein Leben in stiller Verzweiflung. Wenn wir Kritik ausüben oder nörgeln oder unzufrieden sind, streuen wir noch mehr Salz in die Wunden seiner Verzweiflung. Davor warnte Mrs. Caine mit «niemals kritisieren». Viele von uns wissen das instinktiv und loben den Mann, der ein Bild schief aufhängt, um es später heimlich gerade zu rücken. Dennoch haben wir oft das Gefühl, wenige Einflussmöglichkeiten auf das Verhalten unseres Partners zu haben, doch das stimmt nicht ganz: Es gibt viele einfache Dinge, die wir tun können, die uns nicht viel Zeit oder Mühe kosten und an die wir nicht denken. Nach zahlreichen Gesprächen mit Frauen und der Beobachtung von vielen Paaren in meiner Praxis seit über 20 Jahren habe ich einige Strategien in Erfahrung bringen können. Ich würde mich zwar niemals als Männer-Profi bezeichnen, aber sicherlich als kampferprobte Veteranin und professionelle Paar-Beobachterin. Daher kommen jetzt einige meiner Geheimtipps im Umgang mit der Spezies Mann (diese gelten selbstverständlich nur für Männer, die es wert sind, und nicht für pathologische Totalausfälle; welche Männer-Typen das sind, folgt unten):

1.) Behandele ihn niemals respektlos, erst recht nicht in der Öffentlichkeit. Das heißt kein Augenrollen, kein Unterbrechen, wenn er redet, und auch nicht Kritik vor anderen äußern, die sonst niemanden etwas angeht.

2.) Sei nett und berühre ihn: Wie viele Paare hören auf, sich zu berühren, wenn sie die unmittelbare Notwendigkeit nicht mehr sehen! Reibe seine Schultern kurz, wenn er mal wieder genervt vor dem PC versucht, eine E-Mail an den beratungsresistenten Mitarbeiter zu schreiben. Gib ihm eine kleine Fuß- oder Kopfmassage am Ende des Tages. Lege deine Hand in seinen Nacken, wenn er frustriert ist. Wenn Berühren gerade nicht passt, stelle ihm ein kaltes Getränk oder ein geschmiertes Brot hin, wenn er im Homeoffice ist. Das dauert nur eine Minute und ist eine kleine, wortlose Geste zwischendurch, die einfach kommuniziert, dass man ihn und seinen täglichen Kampf in stiller Verzweiflung sieht.

3.) Sage ihm einfach zwischendurch Danke. Sage Danke, wenn er die Einkäufe reinträgt, wenn er dir in den Mantel hilft oder wenn er den nervigen Nachbarn an der Haustür abgewimmelt hat. Vielleicht sagst du auch Danke, dass er deine Verwandtschaft erträgt, oder schlicht dafür, dass er versucht, für die Familie als Vater da zu sein.

Diese Form der Wertschätzung hat nichts mit mangelnder Emanzipation zu tun und alles damit, eine erwachsene Frau in einer Beziehung zu sein, die auf Augenhöhe basiert. Natürlich erwarte ich nicht von dir, solche Dinge zu tun, wenn dein Mann:

- ein Narzisst ist (dann wird nichts, was du tust, jemals ausreichen, außerdem werden die «Spielregeln» dauernd von ihm unerwartet verändert).
- Kindheitstraumata nicht aufgearbeitet hat und nun von dir erwartet, seine emotionale Langzeit-Reha zu sein (Fass ohne Boden, du kannst ihn nicht heilen, das muss er selbst tun).
- ein sonstiges Arschloch ist (für so was haben wir keine Zeit mehr, wir sind nicht mehr 20).

Das Vorhandensein von solchen Pathologien schließt nicht nur einen normalen Umgang miteinander aus, es macht die gemeinsame Krisenbewältigung und das Erarbeiten von gemeinsamen Zielen sehr schwer bis unmöglich. Männer mit solchen und auch anderen Persönlichkeitsstörungen hebeln die normalen Regeln aus.

Viele Männer, die nicht zu den oben genannten Pflegefällen gehören, haben nach dem 50. Lebensjahr dennoch den Wunsch, in der Beziehung ein starker Mann zu sein, aber erste Leiden und Wehwehchen machen ihnen zu schaffen. Viele sind einfach nicht mehr so resilient und haben ihren gesundheitlichen Zenit überschritten. Ich sehe dafür häufiger, dass Frauen an Stärke gewinnen, deshalb liegt es oft an uns, unseren Partner auch im Starkseinwollen zu unterstützen. Das ist gut für die Beziehung und gut für uns.

Es gibt auch etwas extrem Wichtiges, das man gemeinsam tun kann und das ich gerne die «Sandwich-Stunde» nenne: Ich empfehle allen, die ernsthaft an ihrer Beziehung interessiert sind, sich einmal in der Woche Zeit zu reservieren, um eine Stunde in Ruhe zu reden, und zwar nach klar definierten Regeln, die verhindern, dass zwischendurch Diskussionen beginnen, die in Streit enden können. Bei dieser Methode, auf die ich im dritten Teil näher eingehen werde, hat jeder erst mal 10 Minuten Zeit, um absolut frei zu reden, und der andere darf ihn nicht unterbrechen. In der Zeit kommt somit alles auf den Tisch, was den Partnern jeweils wichtig ist, um die Beziehungsluft zu reinigen. Als Kommunikationsart kommt die «Sandwich-Methode» zum Einsatz, daher der Name: Man beginnt damit, etwas Bestimmtes am Partner zu loben, anschließend kann man Kritik loswerden, und dann schließt man wieder mit einem Lob bzw. mit etwas Positivem aus der Beziehung ab. Meiner Erfahrung nach ist diese Methode besonders wirksam, und die Resultate sind überraschend positiv, natürlich nur, wenn man dazu bereit ist, die einfachen Regeln wirklich einzuhalten.

Wenn es dennoch regelmäßig zum Streit kommt oder eskaliert, lohnen sich eventuell ein paar Sitzungen bei einer Paartherapeutin, in denen man versucht, zunächst einmal die emotionale Temperatur zu senken. Daraufhin hat man die Chance, negative Muster aufzulösen, damit man effektiver miteinander kommunizieren kann.

Eine andere mögliche Erklärung für das stille Auschecken aus dem gemeinsamen Sexleben sind Versagensängste. Viele Männer haben gelernt, es sei ihre Pflicht, der Frau einen Orgasmus zu besorgen. Wenn das nicht geht (weil er zum Beispiel Angst hat, seine Erektion mitten in der Vorstellung zu verlieren), stresst das einen Mann sehr. Die meisten Männer fühlen sich als Totalausfall, wenn sie keine Erektion bekommen, und glauben nicht, dass eine Befriedigung durch etwas anderes als durch den Penis gleichwertig sein kann. Die Vorstellung, ohne Erektion zum Sex zu erscheinen, fühlt sich für sie so fehl am Platz an, wie wenn man zum Fliegenfischen ohne Angelrute erscheint.

Wer nicht gelernt hat, dass eine Frau anderweitig befriedigt werden kann (und oft noch nicht einmal einen Orgasmus braucht, um den Sex schön zu finden), fühlt sich in so einem Fall wie der Viertplatzierte in der Olympiade des Sex. Er will dann vielleicht gar nicht mehr an der nächsten Olympiade teilnehmen. Dabei ist es wichtig für ihn zu wissen, dass er nicht dafür zuständig ist, der Frau einen Orgasmus zu besorgen. Das ist nicht sein Hauptjob, und er sollte aufhören, es krampfhaft zu versuchen. Sie ist selbst für ihren Orgasmus verantwortlich, genau wie er für seine Erektion zuständig ist.

Wenn die Mechanik versagt

Wenn ein Mann Sex vermeidet, können auch rein medizinische Gründe eine Erklärung dafür sein. Schauen wir an, wer neulich wieder in meiner Sprechstunde war: Sandra kam zu ihrer normalen Vorsorge. Der Vorfall mit Heinrich, dem quadratischen Gardinenverkäufer, lag 2 Jahre zurück. Sie hatte den Seitensprung damals tatsächlich ihrem Mann, Marcello, gestanden, und es folgte eine sehr schwierige Zeit in der Paartherapie. Das Problem nach einem solchen Vertrauensbruch ist, dass man seine Ehe im Prinzip so, wie sie war, nicht mehr weiterverfolgen darf. Man muss die komplette Ehe niederbrennen und etwas Neues aufbauen, wo Misstrauen und Fremdgeh-Gedanken keinen Platz mehr haben. Ich war mir nicht sicher, ob das den beiden gelungen war.

«Wie geht es dir wirklich?», wollte ich wissen.

«Ach», sagte sie und wirkte nicht mehr ganz so lustig wie sonst. «Geht so. Er will jetzt gar nicht mehr mit mir schlafen.»

Oje. Das ist megafrustrierend – und dann auch noch für eine so lebenslustige Frau wie Sandra, der Sex immer wichtig war. Ich schaute sie an. «Sagt er denn, warum?»

Ihr entglitten die Gesichtszüge. «Uggh. Ich frage ihn natürlich dauernd, aber er sagt mir nicht, warum! Entweder ist er zu müde, oder er muss morgens früh raus. Das wäre vor ein paar Jahren nie ein Thema gewesen! Er ist auch manchmal total pampig zu mir. Ich habe ihn schon mal gefragt, ob er seine Tage hat.»

«Wie lange seid ihr denn jetzt verheiratet?», wollte ich wissen.

«15 Jahre.»

«Was machen denn seine Erektionsstörungen?» Ich erinnerte mich, dass das Sandra sehr gestört hatte.

«Ich schätze, die hat er immer noch», sagte sie. «Aber ich bekomme nicht einmal die Gelegenheit, es auszuprobieren. Wenn ich mal Sex initiieren will, reagiert er total gereizt.»

«Und lass mich raten – zum Arzt geht er nicht?»

«Nein, natürlich nicht», sagte sie. «Es wäre gerade jetzt so wichtig für uns, intim zu sein. Aber er sitzt den ganzen Abend im Büro am Computer, anstatt mit mir Zeit zu verbringen. Die Paartherapeutin hat das auch schon angesprochen ... Ich vermute, dass er sich vor mir versteckt und wartet, dass ich abends vor ihm ins Bett gehe.»

«Sandra, es kann natürlich sein, dass er noch verletzt ist oder aber sich schämt, weil er denkt, er ist schuld, dass du fremdgegangen bist wegen seiner Erektionsstörungen. Scham ist eine mögliche psychische Komponente bei Erektionsstörungen. Onaniert er?» Sandra kann ich so was fragen.

«Ich glaube nicht», sagte sie. «Andererseits schließt er sich oft abends in sein Büro ein, wenn er am PC sitzt.»

«Vielleicht solltest du ihn fragen oder zumindest den Browser kontrollieren. Nicht wegen Pornosucht oder so was, aber viele Männer onanieren mehr bei Erektionsstörungen. Das beruhigt sie, weil sie dann wissen, dass alles ‹funktioniert›. Das hat jedoch den dummen Nebeneffekt, dass sie nicht selten ihr Pulver verschossen haben für den Sex mit ihrer Frau.»

«Macht Sinn. Dann gehe ich dem noch mal nach!», sagte sie. «Es soll ja auch bei Männern, die viel onanieren, etwas geben, was sie wohl den ‹Death Grip› nennen – also, dass sie so hart ihren Penis anfassen, dass eine Vagina denen nicht mehr eng genug ist!»

«Ich weiß nicht, ob das wissenschaftlich belegt ist», erwiderte ich. «Aber was auch sein kann: Er ist ja jetzt schon 60. Es würde sich vielleicht lohnen, seine Gesundheit etwas mehr unter die Lupe zu nehmen.»

Dafür müsste der arztscheue Mann natürlich freiwillig einen oder mehrere Termine ausmachen und tatsächlich hingehen. Ich riet Sandra, das Thema erneut anzusprechen, aber im richtigen Rahmen. Der beste Ort, um potenziell unangenehme Gespräche zu führen, ist im Auto. Denselben Rat gebe ich übrigens auch Müttern, die etwas mit ihren launischen Teenies besprechen wollen, zum Beispiel beim Thema sexuelle Aufklärung. Das Gute am Auto ist zum einen, dass jeder weiß, dass die Autofahrt ein natürliches Ende hat, und zum anderen, dass derjenige, dem das Thema peinlich ist, dem anderen nicht ins Gesicht schauen muss. Gerade bei Erektionsstörungen sprechen Männer außerdem eher darauf an, wenn man von Energie und Motivation spricht und nicht von Impotenz und einem Penis, der den Dienst verweigert. Am besten spricht man mit Ich-Botschaften (ich mache mir Sorgen, ich vermisse dich etc.).

Auch sollte man nicht versuchen, alles in einem Gespräch zu lösen, sondern erst mal einen Samen pflanzen, in der Hoffnung, dass daraus etwas wächst. Wenn man vermutet, dass das Problem medizinische Gründe haben könnte, lohnt es sich, dem Mann die Frage zu stellen, die ich auch Sandra als Nächstes stellte.

«Hat Marcello denn morgens noch einen Ständer?»

«Das weiß ich tatsächlich nicht genau», sagte sie. «Ich glaube nicht!»

Das Ausbleiben der morgendlichen Erektion ist ein objektives Anzeichen dafür, dass etwas Körperliches der Erektion in die Quere kommt.

«Glaubst du, er könnte depressiv sein?», fragte ich.

«Wenn ich so darüber nachdenke, ja. Er geht nicht mehr so viel raus und schläft nicht mehr gut. Er spielt nicht mal mehr viel Tennis, was bei ihm was heißen will. Er hat einen kleinen Bauchansatz bekommen, und ich habe auch den Eindruck, seine Libido ist grundsätzlich weg.»

Aha. Somit kommen wir zum Thema, über das fast jeder rätselt.

Kommen Männer auch in die Wechseljahre?

Die kurze Antwort lautet: so ähnlich. Tatsächlich gibt es bei Männern keine «Wechseljahre», sondern eher «Wechseljahrzehnte»: Der Mann verliert ab dem 40. Lebensjahr im Durchschnitt etwa 1 Prozent seines Testosterons. Bei manchen Männern geht der Verfall schneller, unterstützt durch psychischen oder körperlichen Stress oder auch bei gesundheitlichen Dauerbelastungen.

Testosteronmangel bei Männern wird massiv unterschätzt und bleibt bisher eher unterdiagnostiziert, dabei wird er in unserer älter werdenden Gesellschaft immer häufiger vorkommen und ist daher ein wichtiges Thema. Schätzungsweise 38,7 Prozent der Männer über 45 haben einen Testosteronmangel.[41] Nicht alle haben Symptome, und wohl nicht alle mit Symptomen reagieren auf Hormonersatz mit Testosteron, aber dennoch ist das eine bemerkenswerte Zahl, der nicht oft genug Beachtung geschenkt wird, finde ich.

Männer und Wechseljahre: Fast 39 Prozent aller Männer über 45 haben einen zu niedrigen Testosteronwert!

Marcello zeigte tatsächlich einige typische Symptome von männlichem Testosteronmangel: gedämpfte Libido, Depressionen, Gereiztheit, Gewichtszunahme. Da auch Sandra von mir eine Hormonersatztherapie verschrieben bekommen hatte, riet ich ihr, Marcello zum nächsten Termin einfach mitzubringen, damit wir auch bei ihm Blut abnehmen konnten. Männer, auch die arztresistenten, sind am ehesten noch zu einem Bluttest bereit, weil sie da nicht viel reden müssen.

Ich hatte Marcello lange nicht gesehen, und tatsächlich sah man die Veränderung deutlich, als die beiden das nächste Mal gemeinsam zu mir kamen: Er wirkte wie ein platter Fahrradreifen, ohne Elan, und ja, auch traurig. Früher war er mehr der Typ «schnittiger, jung gebliebener Mann mit silbrigen Schläfen» gewesen. In einem früheren Leben war er sogar mal ein erfolgreiches Männermodel und DJ in Mailand gewesen. Jetzt sah er eher nach Tanztee und Schlagermusik aus. Das ging gar nicht.

Wir nahmen bei ihm Blut ab, und siehe da: Sein Testosteronwert, der eigentlich zwischen 4 und 8 ng/dl liegen sollte, lag bei 2,9 ng/dl. Marcello hatte einen ordentlichen Testosteronmangel, was sowohl die niedrige Libido, die Erektionsstörungen, die Gereiztheit als auch die depressiven Phasen gut erklären konnte.

Die Behandlung von Testosteronmangel beim Mann ist sehr simpel: Sie bekommen einfach die fertigen, gängigen

Präparate verschrieben, die es in jeder Apotheke auf Rezept gibt. Diese Therapie wird seit ca. 1939 bei Männern angewendet (und versuchsweise auch bei Frauen!). Schon in frühesten Studien beobachtete man eine Anhebung der Stimmung und eine Rückkehr der Lebensgeister sowie ein Comeback der Libido und eine verbesserte Erektionsqualität. Aber die Lebensqualität verbessert sich nicht nur subjektiv: Als Allrounder der Hormone wirkt sich Testosteron auch positiv aus auf die Erhaltung der Muskulatur, die Bildung von roten Blutzellen und den Blutzucker und dient der Vorbeugung oder Verbesserung von Diabetes Typ II und der Vorbeugung eines dicken Bauches.[42] Darüber hinaus wurde in Studien nachgewiesen, dass bei dauerhaft niedrigem Testosteronspiegel die Gesamtsterblichkeit von Männern erhöht ist.[43] Außerdem scheint es einen Zusammenhang zwischen einem niedrigen Testosteronspiegel und schweren Krankheitsverläufen mit COVID-19 zu geben.[44]

Man mag es kaum glauben, aber auch im Bereich der Männergesundheit herrscht bis heute eine kontroverse Diskussion hinsichtlich der Behandlung mit Testosteron. In manchen medizinischen Kreisen wurde es sogar als verzweifelter Jungbrunnen verschrien,[45] nach dem nur Männer mit Hawaiihemden, gefärbten Haaren und Toupets lechzen. Auch das Image vom gedopten Bodybuilder-Proleten hält sich hartnäckig, obwohl das mit dem therapeutischen Testosteron überhaupt nichts zu tun hat. In anderen medizinischen Köpfen halten sich hartnäckig Bedenken bezüglich eines Prostatakrebs-Risikos, welches aber längst in zahlreichen repräsentativen Studien widerlegt wurde.[46]

Ein weiterer Mythos, der sich immer noch großer Beliebtheit erfreut, sind die angeblichen Gefahren für die Herz-Kreislauf-Gesundheit bei einer Verwendung von Testosteron: Einige Studien haben ein leicht erhöhtes Vorkommen von

Herzinfarkten bei Männern gesehen, die Testosteron verwendet haben.[47] Das führte zu einem medialen Aufschrei, woraufhin die amerikanische Arzneimittelaufsichtsbehörde FDA eine Warnung auf dem Beipackzettel von Testosteronpräparaten anordnete. Außerdem verdonnerte die FDA Pharmaunternehmen dazu, auf eigene Kosten eine Studie durchzuführen.

Diese sogenannte TRAVERSE-Studie[48] wurde mit 5246 Männern durchgeführt, die alle als Aufnahmebedingung Risikofaktoren haben *mussten*: Anstatt also gesunde Männer zu nehmen, wurden Männer in die Studie aufgenommen, die ohnehin ein Herzinfarktrisiko hatten, beispielsweise Männer mit bekannter Vorerkrankung des Herzens, Männer, die älter als 65 waren und geraucht hatten oder die übergewichtig waren und hohen Blutdruck hatten. Diese Gruppe bekam Testosteron transdermal, während eine Placebogruppe einfach ein Gel ohne Wirkstoffe erhielt.

Die Ergebnisse kamen 2023 raus und zeigten, dass es zwischen den beiden Gruppen keinerlei Unterschied gab und dass die Männer, die Testosteron nahmen, nicht schlechter dran waren. Es ergibt ja auch Sinn, wenn man mal darüber nachdenkt: Wenn es das Ziel der Therapie ist, Testosteron auf ein normales, funktionierendes Level anzuheben, man aber befürchtet, dass ein normales Level bereits das Risiko für einen Herzinfarkt erhöht, müsste man im Umkehrschluss ab einem gewissen Alter bei allen Männern den normalen Testosteronwert aus Gründen der Herzgesundheit unterdrücken. Das macht natürlich niemand, weil es erstens unethisch und zweitens unwissenschaftlich wäre und es drittens allein der gesunde Menschenverstand verbietet.

Nach Eintreffen der Ergebnisse rief ich Marcello an, um ihm davon zu berichten. Er wirkte erleichtert.

«Ganz ehrlich, Dottoressa, ich erkenne mich selbst nicht

wieder. Ich habe keine Lust auf nichts. Das ist so gar nicht meine Art.»

«Das glaube ich! Bei dem Testosteronwert kann keiner gut funktionieren», sagte ich. «Aber das gehen wir jetzt an.»

Ich verordnete Marcello ein transdermales Testosteronpräparat und verwies ihn parallel an einen Urologen, der die weitere Therapie übernehmen sollte. Gerade wenn die Erektionsstörungen, die vermutlich vor dem Testosteronmangel begonnen hatten, nicht besser würden, könnte das noch andere Ursachen haben. Außerdem war ein Besuch beim Internisten zum Abklären eines zusätzlichen Herzproblems wichtig.

Erektionsstörungen – medizinisch erektile Dysfunktionen genannt oder einfach ED – sind nämlich nicht bloß ein sexuelles Problem, sondern deuten als Biomarker häufig auf ein größeres gesundheitliches Problem hin: Wir wissen, dass die Erektionsfähigkeit nicht nur mit dem Hormonhaushalt, sondern auch mit der Herzgesundheit unmittelbar zusammenhängt.[49] Häufig treten Erektionsstörungen 3 bis 5 Jahre vor den ersten Anzeichen einer Herzkrankheit auf.[50] Daher nennt man den Penis auch «das Schaufenster zum Herzen des Mannes». Das liegt daran, dass die feinen Gefäße des Penis einen Durchmesser von ca. 1 bis 2 Millimetern haben und die Herzkranzgefäße eher bei 3 bis 4 Millimetern liegen – die kleinen Gefäße gehen bei Verkalkungen natürlich als Erstes in die Knie.

Der Penis ist das Schaufenster zum Herzen des Mannes.

Außerdem haben rund 40 Prozent aller Männer mit ED hohen Blutdruck und 28 Prozent einen nicht diagnostizierten Diabetes.[51] Somit ist die Morgenlatte tatsächlich ein ziemlich genauer, objektiver Partner bei der Unterscheidung, ob die

Erektionsstörungen von Beziehungsthemen herrühren oder sich etwas Medizinisches dahinter verbirgt. Männer mit klinischen Depressionen oder herzkranke Männer haben zum Beispiel deutlich weniger nächtliche Erektionen.[52]

Auch Alkoholkonsum oder Schlafapnoe – also Atemaussetzer im Schlaf – können wesentlich zu erektilen Dysfunktionen und fehlenden nächtlichen Erektionen führen. Daher lohnt sich ein Check-up beim Urologen, um das Problem anzugehen. Und wenn der Partner schon mal dabei ist, sollte er sich auch beim Internisten im wahrsten Sinne des Wortes auf Herz und Nieren checken lassen.

Wenn ein Mann so weit gesund ist und der Urologe grünes Licht gibt, besteht für ihn immer noch die Möglichkeit, sich Viagra oder Cialis verschreiben zu lassen. Beide Potenzmittel können einem Mann helfen, der sich sonst sehr große Sorgen um seine Erektion macht. Ein Mann braucht nämlich eine Erektion, um seine Erektionssorgen zu lindern. Eine Erektion sozusagen als Beweis dafür, dass alles im Lot ist. Denn Männer können durchaus allein deswegen keine Erektion bekommen, weil sie sich selbst unter Druck setzen, genauso wie wir Frauen unter Druck schwieriger zum Orgasmus kommen. Die sexuelle Seele, das Kleinkind, mag keinen Druck und kein Müssen. Eine gute Erektion, die 10 von 10 Punkten bekommt, entspannt dagegen die sexuelle Seele des Mannes, und das ist mit Cialis oder Viagra möglich.[53]

Ein paar Monate später sah ich Marcello und Sandra beim Pickleball. Sie lachten viel und wirkten wieder harmonisch miteinander. Als sie mich sahen, winkten beide. Ich nahm mir vor, bald einmal nachzuhaken, wie es ihnen so ging. Sandra kam mir noch am gleichen Tag zuvor. Mein Telefon pingte:

> Marcello geht es deutlich besser!

Ach, das ist ja super ...
Ihr seht auch sehr glücklich aus 😊

Ja, es ist fast so wie früher ...
Auch der Sex ist deutlich besser 😍

Was sagte der Urologe?

Er hat ihm Cialis verordnet.
Das ist der Hammer.

🥳

Der Urologe hatte schon angekündigt:
Wenn seine Erektion vorher wie ein
Internetmodem war, wird es jetzt
Highspeed-WiFi.

📶 3 Balken 😂

Glasfaser-Technologie.

5G anstatt 3G.

Penis AI

🤣 Das freut mich wirklich.

Das hätten wir vor Jahren machen sollen.
Er ist wie ausgewechselt. Jetzt will er
einen Tantrakurs machen.

Oohhhh, wie spannend!
Halte mich auf dem Laufenden!!

Marcello und Sandra haben wieder zueinandergefunden und tatsächlich auch ihre Beziehung weiterentwickelt. Das freute mich unheimlich für die beiden. Was sie zusätzlich noch machen könnten, damit das Feuer nicht ausgeht, lernen wir im nächsten Teil.

Teil 3:

Sexual Healing

«I want to know what love is.
I want you to show me.»

FOREIGNER

Sexuelle Erfüllung
Vervollständigung der persönlichen Entwicklung
Körperliche Gesundheit
Integrität der Hormone
Anatomie
Physiologie
Sextheorie

8.

Deine sexuelle Seele – Der stille Passagier

Ich befand mich auf einer Silvesterparty, die jedes Jahr im Kurhaus von Wiesbaden stattfindet. Es war ein stilvolles Event, und ich freute mich, ein langes Kleid und Glitzerschuhe zu tragen, um das lange und ja, auch anstrengende Jahr in der Praxis abzuschließen. Die hohen, altehrwürdigen Räume des Kurhauses mit ihren Jugendstildecken standen im Kontrast zu dem, was sich unter diesen Decken darbot: in jedem Raum ein anderer DJ, hier Pop, dort Funk und Soul, im nächsten Raum die Dragqueen-Show. Ich stand im großen Saal und wartete auf mein Getränk, das mein Mann (übrigens der hübscheste Ehemann der Welt) mir von der Bar mitbringen wollte. Er zwinkerte mir zu: Sie spielten gerade «unser» Lied: «Don't Stop Believin'» von Journey. Ich zwinkerte zurück und schaute mich im Raum um.

An der Wand sah ich einen Mann lehnen – dunkelhaarig mit grauen Ansätzen, buschige Augenbrauen, Smoking. Es klingelte leise in meinem Kopf, er kam mir seltsam bekannt vor. Seine hellblauen Augen waren in eine Richtung fixiert, und dann fing er an, in diese Richtung zu laufen. Ich erkannte diese Gangart: ein Raubtier auf der Pirsch. Er packte eine Frau in einem silbernen Kleid, die gerade in den Raum gekommen war, und küsste sie leidenschaftlich. Die Frau erwiderte den Kuss hingebungsvoll, ohne ihre Umgebung wahrzunehmen, beide wie zwei Teenies im Liebesrausch. Im Hintergrund sang Steve Perry «Don't stop believin', hold on to that feelin'», und ich konnte es für einen Moment selbst nicht glauben: Die Frau im Silberkleid – das war Anna!

Anna, die das letzte Mal vor einiger Zeit – waren es schon drei Jahre? – bei mir war. Anna, meine Bekannte aus dem Studium, die später Rainer, den Hobby-Rennradfahrer, geheiratet hatte, Lehrerin war und nie Lust auf Sex hatte. Hatte sie etwa eine Affäre?

Unsere Blicke trafen sich, sie winkte mir zu und freute sich offenbar sehr, mich zu sehen – meine These einer heimlichen Affäre fiel damit ins Wasser. Sie sprach etwas ins Ohr ihres Begleiters, der sich umdrehte und mich anlächelte. Ich traute meinen Augen nicht: Es war Antonio, der brasilianische Student von damals! Jetzt konnte ich mich nicht mehr zurückhalten und ging auf die beiden zu.

«Anna!» Ich freute mich riesig. «Und Antonio!» Ich kriegte mich nicht mehr ein. «Oh mein Gott, was ist passiert? Du! Ihr! Hier!»

Anna und Antonio lachten. «Jaaa, es gibt viel zu erzählen!», sagte sie.

Er ergänzte mit sanftem Akzent: «Es ist aber alles gut.»

Meine Güte. Antonio Banderas auf Brasilianisch.

Annas Augen leuchteten.

«Du musst mich unbedingt mal wieder besuchen kommen», sagte ich und versuchte, ihr einen verschwörerischen Blick zuzuwerfen. Neugierig war ich ja schon.

Zwei Wochen später kam Anna zu mir in die Praxis. Ich hatte ihren Termin kurz vor die Mittagspause gelegt, damit wir anschließend gemeinsam Mittag essen gehen konnten. Beim Sushi erfuhr ich dann alles.

Mit Rainer hatte Anna nicht nur der Alltagstrott sehr gestört, auch sein fast obsessives Rennradfahren, das ihm am Wochenende als Flucht vor der Familie diente, war ein großes

Problem für ihre Ehe. Dazu kam die mangelnde Lust seitens Anna, ein immer wiederkehrendes Thema, das sogar so weit führte, dass sie sich zwang, mit ihm zu schlafen, damit Ruhe war. Das wiederum hatte die unschöne Folge, dass sie beim Sex, selbst wenn sie feucht genug war, am vaginalen Eingang Schmerzen verspürte, die sich anfühlten wie ein brennender Ring. Es hörte sich an wie ein klassischer Fall aus der Psychosomatik, wenn der Körper, gesteuert vom sexuellen Selbst, «Nein» sagt. Typisch dafür ist dieser Ring am Eingang, wo man ein brennendes oder gespanntes Gefühl hat. Bei der gynäkologischen Untersuchung ist in so einem Fall meist nichts Auffälliges zu sehen. Alle Abstriche kommen ohne Befund zurück.

«Warum bist du nicht zu mir gekommen, Anna?», wollte ich wissen.

«Weil ich befürchtete, ich sei ein hoffnungsloser Fall. Ich dachte, dass ich Sex einfach nicht mehr kann. Ich hatte Angst, du findest nichts. Ich war einmal in den Ferien bei deiner Vertretung gewesen, weil es so wehgetan hatte, und er sagte einfach, das könnte Herpes sein.»

«Das glaube ich nicht, das hättest du ja anhand von Herpesbläschen bemerkt.»

Irgendwann machte Annas Körper dann noch mehr «zu»: Sie wurde nicht mehr feucht oder nur unter größeren Anstrengungen.

Im Alltag sah es nicht besser aus. Wenn Rainer nicht gerade Rennrad fuhr, war er viel am Handy, abwesend. Anna ging am Wochenende alleine mit den Kindern ins Hallenbad oder fuhr zu Oma und Opa, während er sich nur noch minimal am Haushalt und am Familienleben beteiligte. Manchmal kam er mit zu einem Elternabend, aber eigentlich war er nur noch stiller Teilnehmer.

Anna machte sich zunehmend Sorgen, ob es das gewesen

war mit der Sexualität. Ihr Körper reagierte einfach nicht mehr. Rainer schlug vor, gemeinsam Pornos zu schauen, aber davon verging ihr nur noch mehr die Lust. Trotz allem versuchte sie immer mal wieder, Sex zu haben, mit Gleitmittel, mit Vibratoren, aber ihr Körper machte nur widerwillig mit. Gleichzeitig ging Rainer ihr nur noch auf die Nerven. Im Schlafzimmer lief seit Jahren ein ähnliches Programm ab: Erst begrapschte er ihre Brüste, dann fummelte er ihr zwischen den Beinen herum und rieb ungeduldig mit seiner anklagenden Erektion an ihr, selbst wenn sie andeutete, dass sie keine Lust hatte. Trotzdem versuchte sie hin und wieder, ihren Körper zu überlisten: Es musste doch irgendwie gehen. Aber der Körper, ja, der hat einen eigenen Kopf namens *The Sexual Self*, zu Deutsch dein sexuelles Selbst, oder was ich treffender finde: deine sexuelle Seele.

Das sexuelle Selbst ist ein Konzept aus der Sexualtherapie von der begnadeten Psychiaterin und Therapeutin Avodah Offit.[54] Es ist eine Theorie, keine harte Wissenschaft, aber eventuell hört es sich auch für dich schlüssig genug an, dass du deine eigene sexuelle Seele sehen kannst.

Wir erinnern uns, dass es unser frühestes Bedürfnis ist, berührt und angefasst zu werden. Über die Berührung wird Liebe, Akzeptanz, Fürsorge, Sicherheit und damit Überleben signalisiert. Auch deine sexuelle Seele wird in dieser Zeit geboren, aber nicht als sexuelles Wesen, sondern als ein Kind, das etwas will, was es zum Überleben braucht, nämlich eine Fusion aus Emotionalem und Physischem. Es ist wohl kein Zufall, dass Amor immer als Baby oder Kleinkind mit Pfeil und Bogen dargestellt wird. Der Kern deiner sexuellen Seele bleibt immer ein Kind und altert nicht. Sie ist sehr egoistisch, wie Kleinkinder nun mal so sind, und sie weiß genau, was sie will. Sie will bedingungslos geliebt werden, ohne Wenn und

Aber. Sie hat einen begrenzten Wortschatz, wie ein Kleinkind, aber zwei Worte kann sie besonders gut: «Ja» und «Nein». Ein Kleinkind macht auch manchmal Dinge mit, auf die es keine Lust hat, aber das geht nicht lange gut, denn ein Kleinkind ist sehr ungeduldig. Außerdem durchschaut ein Kleinkind Unehrlichkeit. Es versteht zum Beispiel nicht, wenn Erwachsene zueinander nicht aufrichtig sind. Es will nicht, dass Mama so tut, als würde sie den Mann nett finden, obwohl sie spürt, dass er ihr nicht guttut, oder er sie jeden Tag verletzt.

Die sexuelle Seele altert nicht!

Wenn sich ein Verhalten, das sich falsch anfühlt, zu oft wiederholt, indem man versucht, bei fehlender Lust (Kind sagt «Nein») dennoch Sex zu haben, hat deine sexuelle Seele irgendwann genug von dem Theater und sagt «Ohne mich». Die Vagina wird nicht feucht, nichts passiert. Früher nannte man solche Frauen «frigide» – wie unfair und dumm uns dieser Begriff jetzt vorkommen muss! Wenn bei Männern die sexuelle Seele Nein sagt, kommt es oft zu Erektionsstörungen, gerade in neuen Partnerschaften: Das Kleinkind, seine sexuelle Seele, liebt Sicherheit und mag nicht unbedingt neue Gesichter – es «fremdelt». Das ist mitunter die Erklärung dafür, dass der Sex am Anfang einer Beziehung noch nicht optimal ist und erst mit der Zeit besser wird. Die sexuelle Seele ist vorsichtig, misstrauisch und muss sich erst mal an den neuen Menschen gewöhnen.

Zurück zu Anna. Als sie eine 13. Klasse auf Abifahrt nach Portugal begleitete, hatte sie dort einen üblen Unfall: Eine Baugrube auf der Straße war nicht richtig abgedeckt, und sie fiel rein. Beim Hineinfallen brach sie sich das Sprunggelenk, und eine Schraube, die in einem Konstrukt in der Grube war, bohrte sich in ihr Knie. So viel Pech muss man erst mal haben. Sie kam ins Krankenhaus und musste operiert werden. Ein netter junger Arzt nahm sie auf und sagte nur, zu der OP käme noch sein Chef hinzu. Als ihr gerade die Narkose gegeben wurde, kam der Chirurg maskiert in den OP und nahm sich kurzerhand die Akte. Es muss sich wie ein komischer Traum angefühlt haben, denn er sagte auf einmal auf Deutsch zu ihr: «Anna?! Bist du es?» Und sie dachte beim Einschlafen nur: «Komisch, der klingt wie Antonio.»

Als sie aufwachte, war sie in ihrem Zimmer. Ihr Bein lag auf einem Kissen, sie hatte zwei Schläuche, die Wundwasser abführten, und alles war dick bandagiert. Die Zimmertür ging auf – und tatsächlich stand dort Antonio. Etwas grauer, die Haare dünner, aber dieselben blauen Augen.

Anstatt sich zu freuen oder gar zu wundern, brach sie in Tränen aus – es war einfach zu viel für sie: die fehlende Liebe zu Hause, die Einsamkeit, der Unfall in einem fremden Land und jetzt plötzlich ihn hier zu sehen, wie ein Wunder und wie eine Erinnerung an ein Leben, das sie nie haben durfte. Und Antonio, der sie 25 Jahre nicht mehr gesehen hatte, verstand Anna sofort ohne Worte und nahm sie einfach nur in den Arm. Sie weinte, bis sie keine Tränen mehr hatte.

Danach kam Antonio sie jeden Tag besuchen, brachte ihr Obst mit, Suppe, kleine gebratene Sardellen. Sie redeten die halbe Nacht. Sie erfuhr, dass er über seinen Vater die portugiesische Staatsangehörigkeit erhalten und irgendwann diese Stelle im Krankenhaus in Porto bekommen hatte. Er hatte eine Ex-Frau in Brasilien, die wohl an einer Persönlichkeitsstörung litt und sich einer Sekte angeschlossen hatte. Kinder hatten sie keine. Nachdem sie die Oberfläche der heilen Welt verlassen hatten, erzählte Anna irgendwann von zu Hause und ließ ihn das sehen, was sonst niemand in der Schule oder auf Kindergeburtstagen sehen durfte: dass die Liebe längst erloschen war und sie schon zu lange nicht bei sich selbst war.

Bis auf Wangenküsschen und Umarmungen fassten beide sich in dieser Zeit nicht an. Anna bemerkte dennoch etwas Seltsames: Trotz Bandagen, dumpfer Schmerzen, der ganzen Schmerzmittel, dem Gang auf den Toilettenstuhl und den ersten Gehversuchen auf Krücken hatte sie das erste Mal seit Jahren Lustgefühle: richtig spontane, heftige, persistierende Lustgefühle, die ständig da waren, wie ein drängelnder Autofahrer, den man im Rückspiegel auf der linken Spur sieht. Ihr sexuelles Selbst war wach und wusste genau, was es wollte. Es wollte Antonio, und zwar jetzt. Sie beherrschte sich, obwohl es schwer war.

Anna vermisste ihre Kinder extrem, aber eigentlich wollte sie noch nicht nach Hause. Rainer schaffte es nicht, sie in Portugal abzuholen, weil eine Fahrradmesse stattfand, die er sonst verpasst hätte. Die Kinder hatte er zu Oma und Opa gebracht. Wer weiß, was sie zu Hause erwartete – sicherlich nicht ans Bett gebrachte, frittierte Sardellen. Antonio fuhr sie nach 8 Tagen persönlich zum Flughafen, um sicherzugehen, dass sie Assistenz beim Einsteigen bekam. Am Flughafen sagte er ihr das, was jede Frau hören will: «Du bist die Frau für mich, Anna. Das warst du schon seit dem ersten Tag, als ich dich an der Uni gesehen habe. Die gemeinsame Zeit mit dir, an deinem Krankenhausbett, hat es mir wieder gezeigt. All die Jahre dachte ich, das sind die verrückten Träume eines jungen Mannes. Ich hatte unrecht. Du bist meine große Liebe, Anna. Du bist es schon immer gewes…»

Er hatte nicht mal das letzte Wort richtig zu Ende gesprochen, da brach es aus ihr heraus, sie warf die Arme um seinen Hals und küsste ihn mit der ganzen Leidenschaft, die eine unterdrückte Liebe haben kann, wenn sie endlich wieder Sauerstoff bekommt.

«Weißt du, was verrückt ist?», sagte sie zu mir. «Seine Küsse. Ich hatte vergessen, wie sie sind, wie sie schmecken, wie sie sich anfühlen, bis wir uns wieder küssten.»

Das hörte ich hin und wieder. So, wie ein blinder Hund sein Herrchen auch nach Jahren der Trennung am Geruch erkennt, scheint es eine Art Kuss-Gedächtnis zu geben, versteckt in den tiefsten Ecken des Herzens, das nach Jahren sofort reaktiviert werden kann.

Der Rest ist schnell erzählt und erstaunlich einfach. Anna fuhr nach Hause und eröffnete Rainer, dass sie die Trennung wolle. Rainer war zwar geschockt, aber nicht wirklich böse. Es blieb alles sehr freundlich, und auch die beiden Kinder nahmen es verhältnismäßig gut auf. Sie hatten ja mitbekommen, dass die Familie nicht intakt war, auch wenn ihr Vokabular dafür nicht ausreichte. Dass die Mutter wieder glücklich war und die Eltern wegen der Trennung nicht gestresst waren, machte es leichter. Rainer zog drei Straßen weiter in eine Wohnung, und die Kinder waren abwechselnd eine Woche bei ihm und eine Woche bei ihr. Sie wurden wieder das, was sie vor Jahren eigentlich mal waren: Freunde.

Sechs Wochen nach dem Auszug kam Antonio Anna besuchen. Er blieb eine Woche im Hotel, und sie liebten sich das erste Mal seit 25 Jahren. Ihre sexuelle Seele sagte jeden Tag Ja. Ja! Mehr davon. Vorbei waren die Probleme des Nicht-Feuchtseins, vorbei die Schmerzen.

Annas sexuelle Seele zeigte auch den bösen Stimmen ihrer Oma («Bleib sittlich und rein») einfach mal den Mittelfinger und drängte sich frech und wild wie Miley Cyrus in die Bühnenmitte. Die Scham aus der Kindheit konnte Anna endlich nach und nach ablegen. Apropos Scham: Sie ist für uns Gynäkolog:innen das, was fettige Haare für Friseur:innen sind – fast jeder kennt sie. Manche mehr, manche weniger, man sollte nur schauen, dass die Scham nicht überhandnimmt und alles im Hintergrund dirigiert. Wegen Schamgefühlen braucht man sich daher nicht zu schämen. Wichtiger für alle Beteiligten ist es, der Scham in die Augen zu sehen und vielleicht erst einmal zu akzeptieren, dass sie da ist.

Die Scham als solche anzuerkennen, führte dazu, dass Anna es schaffte, sie an die Leine zu nehmen, damit ihre sexuelle Seele freie Hand hatte, um das zu tun, was sie am besten kann: genießen.

Nach dem Mittagessen holten wir uns noch einen Kaffee und spazierten durch die Stadt. Die Sonne schien, was ungewöhnlich war für Januar, und wir setzten uns auf eine Bank.

«Ich will nicht zu sehr aus dem Nähkästchen plaudern», sagte sie, «aber der Sex mit ihm ist ganz anders. Er trägt mich auf Händen, und im Schlafzimmer lässt er den Macho raushängen. Aber auf eine gute Weise.»

«Wie meinst du das?»

«Rainer hat immer wieder gefragt: Soll ich so oder so machen? Er war so unsicher. Ich schätze, er machte sich einfach Sorgen, ob er alles richtig macht. Ich fühlte mich oft unter Druck gesetzt, irgendwie zu zeigen, dass ich das gut finde, was er macht, damit er nicht verletzt ist.»

«Du hast dir also im Bett für zwei Leute Sorgen gemacht – um dich, ob du wieder Schmerzen bekommst, und um ihn, ob sein Ego nicht verletzt wird. Das klingt sehr anstrengend, wenn man für alle zuständig ist», sagte ich.

«Mir war gar nicht bewusst, wie anstrengend das war», erwiderte sie. «Mit Antonio sind die Energien ganz anders. Männlicher irgendwie. Er genießt mich, und das entlastet mich. Ich brauche mir im Bett um ihn keine Sorgen zu machen. So kann auch ich mich richtig fallen lassen und es einfach genießen.»

«Das ist ganz oft so», sagte ich. «Diese ganzen Ratgeber, die empfehlen, dass man beim Sex alles kommunizieren und

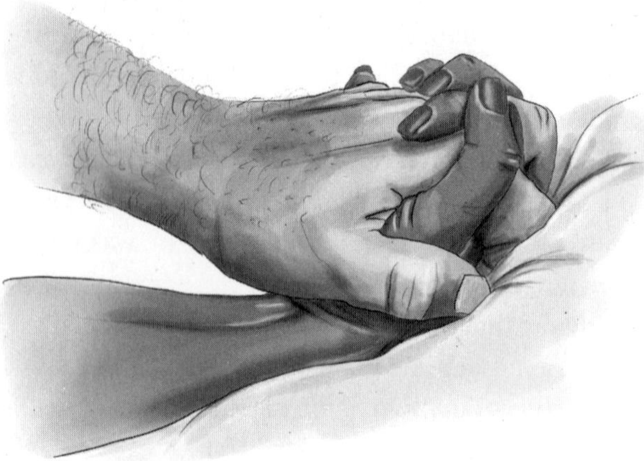

diskutieren soll – das führt bei manchen dazu, dass sie ein Handbuch haben wollen, bevor sie versuchen, eine Frau zu befriedigen. Dabei wollen die meisten Frauen einfach, dass der Mann leidenschaftlich ist und die Führung übernimmt. Ich habe noch nie gehört, dass der Held im Film nach der Actionszene die Frau packt, in sein Schlafzimmer trägt und dann die Hand auf ihr Geschlecht legt und vorsichtig fragt: ‹Ist das schön so?› Das sollte er tun, wenn es um Feinheiten bei der Technik geht, finde ich, oder wenn man spürt, dass die Partnerin mit dem Kopf nicht dabei ist, und wissen will, was los ist.»

Antonio blieb beim Sex bei sich, ohne Anna jedoch aus den Augen zu lassen. Das erlaubte es ihr, sich zu entspannen und sich gänzlich auf den Sex mit ihm einzulassen. Beim Oralverkehr, erzählte mir Anna weiter, widmete sich Antonio komplett und hingebungsvoll ihrer Anatomie und schien das selbst unheimlich zu genießen. Sie konnte sich daraufhin einfach nur entspannen und alles geschehen lassen. Orgasmen kamen von alleine.

Was war hier passiert? Annas sexuelle Seele hatte endlich das bekommen, wonach sie sich sehnte, nämlich Aufmerksamkeit und Zuwendung. Die sexuelle Seele, das Kleinkind, musste nicht «müssen»: Sie musste sich zum Beispiel keinen Druck machen, weil der «arme» Antonio sich jetzt so abmüht. Sie musste ihn nicht für seine Bemühungen mit ihrem Orgasmus belohnen. Sie musste sich nicht sorgen, ob sie Schmerzen beim Eindringen bekommt, weil Antonio ihren kompletten Körper toll fand und sich Zeit ließ. Die sexuelle Seele, obwohl sie ein Kind ist und keine Aufgaben oder Druckszenarien mag, weiß dennoch, was zu tun ist. Das geht von selbst, wenn man sie lässt. Die Kunst besteht darin, der eigenen sexuellen Seele aus dem Weg zu gehen, damit dein Körper als ihr Außendienstvertreter genau das tun kann, was er von Natur aus versteht, nämlich dein Gehirn von einem nicht erregten Zustand in den erregten Zustand zu bringen. Die Symphonie der Sinne und der Genitalien folgt dem Ruf, der so alt ist wie die Zeit.

Wenn das gelingt, verschwindet die ganze Außenwelt, und der Kopf wird still. Man ist in dem Moment präsent. Das liegt in der Natur der starken Erregung. Das ist nicht zwingend und immer so, wie wir gelernt haben, gerade wenn die Gedanken abschweifen und man zwischendurch an Einkäufe oder To-do-Listen denken muss. Vielleicht ebbt die Erregung aus irgendwelchen Gründen auch zwischendurch ab – wir denken an die realistischen Erregungskurven –, es geht nicht immer steil nach oben. Das ist okay, und übrigens der Normalzustand bei vielen Menschen. Ich empfehle in dem Moment einen kleinen Neustart, indem man seinen Fokus darauf zurücklenkt, was sich gerade gut anfühlt. So wie du es bei einer Thai-Massage auch machen würdest. Beachte und genieße bitte einfach deine eigene Erregung – ja, die darfst und sollst du genießen.

Was ist, wenn ich dir sagen würde, dass darin ein fundamentaler Schritt zu gutem Sex liegt? Wenn man einfach nur mit Intention seine Erregung beachtet und genießt, hat man schon etwas Elementares von gutem Sex verstanden: Guter Sex ist einfach. Guter Sex ist die Kunst des Easy. Für viele ist es ein erotischer Moment, zu erleben, wie der Partner oder die Partnerin in ihrer eigenen Erregung versunken ist und die Luststeigerung über sie hinwegfegt wie ein großer Sturm. Nein, du musst nicht besonders fingerfertig sein, du musst keine besonders interessanten Stellungen kennen oder Sextoys, heiße Unterwäsche oder andere Accessoires verwenden. Du musst noch nicht einmal die Befriedigung des anderen zur Priorität machen – das ist sein Job. Dein primärer Job ist es, deine Erregung zu genießen, nichts anderes.

Du hast einen Job während des Sex: deine Erregung zu genießen.

Aber warte!, rufen jetzt vielleicht einige, ist das nicht egoistisch? Ja. Deine sexuelle Seele ist egoistisch, sie darf es sein. Das Kleinkind der sexuellen Seele will im Mittelpunkt stehen, geliebt, gestreichelt, toll gefunden werden. Die sexuelle Seele ist auch gierig und will selbst genießen, was meistens für die Stimmung im Schlafzimmer ansteckend ist. Wenn du es also toll findest, deinen Partner anzufassen oder oral zu befriedigen: nur zu. Deine Freude darüber wird spürbar sein. Wie wir bei Anna gesehen haben, ist der beste Weg, beim Sex den Kopf zu verlieren, weil man sich wegen nichts einen Kopf machen muss und sich einfach vom Fluss der Lust treiben lässt.

Ebenso wird es natürlich spürbar sein, wenn du zum Beispiel auf Oralverkehr weniger Lust hast und es nur aus Pflicht tust, weil es deinem Partner gefallen soll. Das findet deine sexuelle Seele nicht toll, das Kleinkind der sexuellen Seele hat nicht gerne Pflichten oder Hausaufgaben. Das gemeinsame Erlebnis wird es nicht erhöhen, und eigentlich will doch niemand in der zivilisierten Welt, dass jemand beim Sex etwas tut, das ihm oder ihr nicht so recht Spaß macht.

Eine weitere Art des gesunden Egoismus im Schlafzimmer ist es, die Verantwortung für deine sexuelle Seele zu übernehmen. Wie eine Erziehungsberechtigte schaust du, dass das Kind bekommt, was es benötigt. Das kann heißen, die Verantwortung für den eigenen Orgasmus zu übernehmen und zu erkennen, dass der Mann auch für seinen verantwortlich ist, ohne Schuld- oder Pflichtgefühle. Dafür ist man die Erwachsene. Du musst die Bedingungen dafür schaffen, wie du am besten zum Höhepunkt kommst, wenn du das möchtest oder wenn es gerade passt. Wenn du oben bist und dir die Puste ausgeht oder auch wenn beim Akt einfach so der Drive nachlässt, dann darfst du Pause machen und dich sammeln oder den Orgasmus einfach auf einen späteren Zeitpunkt vertagen. Wenn eine Stellung komisch für dich ist, weil die Hüfte oder das Knie wehtut, dann gib das zu verstehen oder wechsle einfach die Stellung. Du bist die Erwachsene. Deine sexuelle Seele ist das Kleinkind, das eine Heimat finden will, und du kannst ihm die geben – um dieses Bild von der großartigen Stefanie Stahl kurz auszuleihen. Stefanie, ich hoffe, du siehst es mir nach.

Umgekehrt bist du nicht für die Ejakulation deines Partners zuständig. Die liegt in seinem Verantwortungsbereich. Lass ihn. Seine sexuelle Seele kennt den Weg. Auch musst du dich nicht in der Pflicht sehen, wenn er unpassenderweise einen Ständer bekommt, zum Beispiel beim Schmusen, wenn die Situation es gerade nicht hergibt. Das ist gerade bei Paaren, bei denen ein Ungleichgewicht beim sexuellen Verlangen besteht, nicht selten ein Thema: Beim Klassiker «Mann will häufiger Sex als Frau» vermeidet die Partnerin oft jede Berührung. Die Sorge, den Partner zu frustrieren, sitzt dann tief. Eine ungeduldige Erektion, die eine unausgesprochene Verpflichtung zum Koitus bedeutet. Wenn dir das bekannt vorkommt, habe ich gute Neuigkeiten für dich: Eine Erektion ist für einen Mann nicht schmerzhaft, die meisten Männer *mögen* es sogar, hart zu sein. Sie leiden nicht, wenn sie einen Ständer bekommen. Nicht jede Erektion muss in einer Ejakulation enden, und du bist zu nichts, aber auch gar nichts verpflichtet, nicht mal ein bisschen. Wenn dein Partner das noch nicht gelernt hat, wird es höchste Zeit. Betrachte die Erektion eher wie einen Welpen, der sich super freut, dich zu sehen. Man muss deshalb nicht jeden Welpen auf den Schoß nehmen. Lass ihn sich freuen, er beruhigt sich schon wieder und geht zurück in sein Körbchen, wenn man ihn nicht weiter beachtet.

Wenn die sexuelle Seele verletzt wird

Es ist bei näherer Betrachtung nicht ganz klar, warum Sex eine derart emotionale Erfahrung sein muss. Schließlich haben Tiere das ja nicht: Ich habe noch nie von einer Löwin gehört, die sich Gedanken macht, warum der Löwe sich nach der Paarung nicht mehr meldet. Im Gegenteil, sie macht sich danach einen schönen Tag und rekelt sich in der Sonne. Guter Sex ist nicht nur wertvoll, weil er sich körperlich gut anfühlt, sondern weil er den Wert des Ichs bestätigt. Nirgends offenbart man sich so nackt, möglicherweise auch so verletzlich, wie beim Sex. Guter Sex erreicht unser wahres Ich tief dort, wo man sich vor der Welt versteckt. Bei gutem Sex spürt man sich selbst und hat Kontakt zu der frühesten Version des authentischen Selbst, das als Kind liebkost und geliebt wurde, einfach weil es da war.

Bei richtig gutem Sex erlebt man sich selbst ganz ursprünglich. Mit dem richtigen Partner und einem intensiven gemeinsamen sexuellen Erlebnis spürt man: Ja, das bin ich. Ich bin hier. Danke, dass du mich gefunden hast. Deshalb ist richtig schlechter Sex auch nicht nur eine Enttäuschung, sondern kann sich unter Umständen anfühlen wie eine Absage an unsere Person. Dein sexuelles Selbst wollte geliebt oder zumindest gefeiert werden und wurde abgewiesen.

Montagmorgen, 8:30 Uhr. Mein erster Termin war erst um 9 Uhr, aber eine junge Frau namens Leni stand schon mit etwas rotem Kopf vor der Tür, als ich die Treppe hochkam, um die Praxis aufzuschließen.

Wenn jemand montags früh ohne Termin kommt, bedeutet das meistens, am Wochenende ist etwas vorgefallen: Schmerzen zum Beispiel, oder ein Kondom ist geplatzt. In diesem Fall hatte Leni, eine toughe, 30-jährige Polizeibeamtin, keins von beiden Szenarien erlebt.

«Was ist passiert?», fragte ich.

«Ich hatte ein Tinder-Date, das scheiße gelaufen ist», sagte Leni.

«Ach!», sagte ich. «Hoffentlich nichts Schlimmes!» Obwohl ich nicht das Gefühl hatte, dass ihr etwas Derartiges widerfahren war, kann ich nie ausschließen, dass es bei einem solchen Date zu einer sexuellen Nötigung oder gar Vergewaltigung gekommen war. Ich tastete mich vorsichtig heran und fragte nach.

«Nein, nein!», sagte Leni. «Das hätte er sich nicht getraut. Aber ein Arschloch war er trotzdem.»

Leni hatte sich mit einem Investmentbanker aus Frankfurt getroffen, der charmant war, lustig und unterhaltsam. Beide waren sich einig, dass sie eigentlich nichts Ernstes wollen, wie es so oft bei Tinder der Fall ist. Leni, die in ihrem Beruf sehr stark sein muss, fühlt sich angezogen von dominanten Männern. Als es dann später am Abend bei ihm in der Wohnung zur Sache ging, zeigte er eine andere Seite von sich: Nach heftigem Knutschen warf er sie auf den Esstisch, streifte ein Kondom über und drang in sie ein. Das fand sie ja noch gut, sagte sie, diese maskuline Energie. Doch dann nahm die Nummer eine komische Wendung, und die Stimmung änderte sich rasch. In der Missionarsstellung stöhnte er seltsam unkontrolliert wie ein Braunbär, und kurz vor seinem Orgasmus nannte er sie eine «dreckige Schlampe», zog seinen Penis raus, streifte das Kondom ab und ejakulierte ihr ins Gesicht. Etwas von seinem Sperma landete in ihrem Mund und in ihrem Auge.

Unter uns – igitt. Dominanz ist eine Sache, entwürdigendes und abwertendes Verhalten ist eine ganz andere Hausnummer, und dies war wohl in keiner Weise vorher so abgesprochen.

«Puh, was für ein Schwein!», sagte ich. «Was haben Sie dann gemacht?»

«Ich bin sofort heim. Habe eine Stunde geduscht und mir den Mund ausgespült. Wenn ich das richtig in Erinnerung habe, sollte ich mich auf Geschlechtskrankheiten testen lassen, richtig?» Sie versuchte, ganz gefasst zu wirken, obwohl ich spürte, dass die berufliche, coole Fassade anfing zu bröckeln.

«Sehr richtig. Wer weiß, wo der Creepy Dude seinen Pimmel überall schon drin hatte», sagte ich. «Und über die Schleimhäute von Mund und Auge können theoretisch Erreger übertragen werden.»

«Und wissen Sie, was das Schlimmste ist? Ich dachte noch während des Dates, wie nett er ist. Er hat Tausende Fragen gestellt und wollte viel über mich wissen. Außerdem erzählte er von seiner Oma, die er so gerne im Schwarzwald besucht, und dass er eigentlich gerne Kinderarzt geworden wäre. Zwischendurch habe ich mich bei dem Gedanken ertappt, ob nicht mehr daraus werden könnte.» Ihr kamen jetzt Wuttränen. Sie wischte sie genervt weg. «Oh Mann, ich ärgere mich eigentlich mehr als alles andere. Warum habe ich nicht erkannt, dass das ein Arschloch ist? Und so einen Wichser lässt man in sich rein.»

«Ein Wichser im wahrsten Sinne des Wortes», sagte ich. Sie musste zwischen ihren Tränen etwas lachen.

Leni war nicht in den Investmentbanker verliebt. Sie mochte ihn auch nicht mehr. Warum also weinte sie? Leni wurde in ihrer sexuellen Seele verletzt. Die sexuelle Seele wollte sich fallen und auffangen lassen, spüren, dass sie begehrt wird oder auf Händen getragen. In den Händen des falschen Mannes jedoch wurde ihr sexuelles Selbst verprellt. Daher weinen viele auch nach einem ganz normalen One-Night-Stand hinterher einfach, weil der Typ sich nicht mehr meldet. Wenn man ignoriert wird, kann man den Typen nicht mal auf den Mond schießen. Beim Ghosten wird das sexuelle Selbst ignoriert und bekommt nicht die Aufmerksamkeit, die es haben will. Das tut weh, auch wenn der Kerl uns im Grunde schnuppe ist.

Zurück zu Leni. Gott sei Dank waren alle Tests negativ, und weitere Tinder-Versuche blieben aus. Ein Jahr später sah ich sie in einem Café, wie sie einem durchtrainierten, nett aussehenden Mann tief in die Augen schaute. Kurze Zeit später kam sie wieder, dieses Mal mit guten Nachrichten: Sie war schwanger von ihrem Traummann, dem Mann aus dem Café. Er war ein Kollege, und sie waren ein wirklich entzückendes Paar. Ich freute mich für Leni und darüber, dass sie den Schrecken des «Date from Hell» problemlos hinter sich hatte lassen können.

9.

Keep the Fire Burning – Die besten Tipps für eine lange Brenndauer in der Langzeitbeziehung

Ein Dienstagabend im Dezember, der letzte Termin vor Praxisschluss. Ich schaute auf die Liste und war sehr überrascht. Marcello war zu einem Gespräch eingetragen. Alleine, ohne Sandra.

Ich empfing ihn in meinem Büro, wo meine Arzthelferinnen weihnachtliche Duftkerzen angemacht hatten. Er begrüßte mich herzlich und setzte sich auf die Couch. Er strahlte wieder seine elegante, italienische Männlichkeit aus. Als meine Arzthelferin das zweite und das dritte Mal reinkam, um ihm Espresso und Wasser und dann noch Weihnachtsplätzchen anzubieten, musste ich ihr einen strengen Blick zuwerfen. Sie grinste, und ihre Augen blitzten etwas frech. Nach 15 Jahren Zusammenarbeit kannten wir uns gut, sie wusste, was ich gerade dachte: Es reicht jetzt, männliche Pheromone hin oder her.

«Dottoressa, vielen, vielen Dank, dass ich alleine herkommen darf», sagte er.

«Sehr gerne», sagte ich. «Was macht die Therapie? Wie läuft es mit allem?»

Ich war mir unsicher, ob wir jetzt beim Du oder noch beim Sie waren, daher tastete ich mich vorsichtig heran.

«Es geht mir sehr gut, kein Vergleich zu vorher! Ich fühle mich wieder wie ich selbst», sagte Marcello.

Ich schaute ihn einen Moment an. «Aber?»

«Ich bin heute alleine zu Ihnen gekommen, weil ich noch etwas aufarbeiten muss. Sie wissen, dass Sandra eine Affäre hatte?»

Ich wusste ja, dass sie es ihm gestanden hatte, und nickte einfach.

«Das war eine sehr schwere Zeit für uns. Nachdem sich der Schock und die Wut gelegt hatten, habe ich mir selbst große Vorwürfe gemacht, weil ab und an ein paar Dinge bei mir im Schlafzimmer nicht geklappt haben.»

Ich nickte einfach weiter und ließ ihn reden.

«In der Therapie habe ich einiges aufgearbeitet. Es scheint ein kulturelles Problem zu sein zwischen uns. Ich hatte eine sehr weibliche, fürsorgliche Mutter und einen sehr dominanten Vater. Sandra ist meine Traumfrau, aber sie ist sehr direkt und impulsiv. Diese direkte Art hat mich oft gekränkt, und ich fühlte mich in meiner Ehre immer wieder verletzt. Das führte dazu, dass ich irgendwann keinen Sex mehr mit ihr haben wollte. Mein Körper hat entsprechend reagiert.»

So viel Offenheit ist selten, daher wagte ich es nicht, ihn zu unterbrechen, und nickte wieder langsam.

«Diese Affäre hat mir aber wirklich den Boden unter den Füßen weggerissen. Sandra hat mich betrogen, und als Grund gibt sie an, sie hatte zu viel Testosteron. Stimmt das, Dottoressa? Gibt es das?»

Endlich konnte ich sprechen. «Sie hat Sie nicht angelogen, wenn Sie das meinen. Denn ja, das gibt es tatsächlich, aber das war sicherlich nicht der einzige Grund für ihre Affäre, wenn Sie meine Meinung hören wollen. Wenn ich etwas ausholen darf, würde ich gerne erzählen, was sonst noch eine Rolle gespielt haben könnte.»

Jetzt war Marcello dran mit Nicken.

«Wenn eine Frau sich nicht begehrt fühlt, führt das zu allen möglichen Problemen in der Beziehung. Das liegt in unserer

Natur. Man kann das bei Ratten gut beobachten: Die weibliche Ratte, wenn sie sich paaren will, zeigt den männlichen Ratten ihr rotes Geschlechtsteil und rennt dann weg. Derjenige, der sie bis zum Schluss verfolgt, darf sie begatten. Die Ratte gewinnt, die das Weibchen am meisten begehrt. Wenn man als Frau im Bett links liegen gelassen wird, sind Konflikte vorprogrammiert.»

«Die Begierde lässt aber bei mir nach, wenn ich gekränkt bin», sagte er. «Sie ist ja Gott sei Dank eine attraktive Frau. Bei meinem Bruder ist es so, dass seine Frau so viel zugenommen hat, dass er nicht mehr mit ihr schlafen will.»

Oi. Das sollte er lieber nicht zu Hause erzählen, sonst würde ihm die feministische Sandra den Kopf abreißen. Das gibt es häufiger, als man gemeinhin annehmen will: Der typische Mann schaut noch bis ins hohe Alter nach dem Aussehen der Frau und lässt dabei gern außer Acht, dass sein einstiger Waschbrettbauch und sein volles Haar von 1990 längst durch eine gemütliche Plauze und eine Halbglatze ersetzt wurden.

«Was habt ihr denn in der Therapie bisher erarbeitet?», fragte ich nach.

«Sie sagte, dass ich nicht lernfähig in der Sexualität sei. Das stimmt nicht – ich wollte nur nicht zuhören. Ich dachte immer, ich mache alles richtig, schließlich haben meine Partnerinnen vorher sich nie beschwert. Vielleicht hat mich das nie so interessiert, weil ich dachte, dass, wenn jemand nichts sagt, es keine Beschwerden gibt. Da kam der Machismo meines Vaters durch, fürchte ich. Das war ein großer Fehler.»

Ich war still und ließ ihn weitererzählen.

«Ich habe aber gelernt, dass ich fragen und auch zuhören muss. Ich verstehe es jetzt. Keiner weiß von Anfang an alles. Jeder lernt dazu in einer intimen Beziehung, das hat nichts mit meiner Ehre zu tun. Es darf nur nie wieder so weit kommen», sagte er. Seine Stimme brach kurz, und ihm traten Tränen in die Augen. Er tat so, als müsste er husten, und schaute kurz weg, damit ich es nicht sah.

Ich hatte noch nie seine sensible Seite gesehen und war gerührt. Er liebte Sandra wirklich.

«Ich glaube, es zeigt viel Ehre, wenn man bereit ist, an seine Grenzen zu gehen, um die Beziehung zu retten», sagte ich sanft. «Es gibt genug Männer, die auch da versagen. Das habe ich oft genug gesehen bei Patientinnen, glauben Sie es mir. Es gehört auch Mut dazu – den haben nur richtige Männer.»

«Grazie, Dottoressa. Mir liegt aber noch was auf dem Herzen – Sie kennen meine Frau sehr gut, und wie ich das sehe, ist da eine Art Freundschaft entstanden ...»

Ich nickte erneut.

«Mich stresst der Gedanke, was passiert, wenn der Alltag uns wieder einholt und der alte Trott wiederkehrt. Ich habe Sorge, dass einem von uns die Lust wieder wegbricht.»

Ich schaute ihn an und seufzte. «Hm. Also die uralte Frage: Wie erhält man konstant die Lust in Langzeitbeziehungen?»

«Ja, genau!», sagte er.

«Die Antwort ist einfach. Man kann es nicht.»

Seine Gesichtszüge entglitten etwas. «Auch nicht mit mehr Testosteron?»

«Nein. Das ist die kurze Antwort. Die lange Antwort ist: Auch wenn man nicht täglich scharf aufeinander ist, kann man trotzdem die Bereitschaft haben, den Partner zu mögen, und den Willen, die erotische Temperatur nicht abkühlen zu lassen.»

«Das klingt spannend», sagte Marcello. «Aber was meinen Sie damit?»

Tja, was meinte ich damit?

Zündeln – Wie hält man die sexuelle Temperatur?

Die Idee des Zündelns stammt aus dem Handbuch von Sextherapeut Dr. Stephen Snyder.[55] Er nennt es auf Englisch *Simmering*, was auf Deutsch so viel bedeutet wie «auf niedriger Flamme köcheln», aber «zündeln» sagt mir mehr zu, weil es das Spiel mit dem Feuer anklingen lässt.

Wir erinnern uns, dass Dr. Snyder sagte, man solle einmal in der Woche Sex haben, um die sexuelle Connection aufrechtzuerhalten. Das klingt nur dann schwierig, wenn in den Tagen zwischen dem Akt die Sex-Temperatur sehr absinkt. Wenn man aber bewusst die Temperatur aufrechterhält, zum Beispiel mit einem längeren Kuss morgens vor dem Abschied, einer Berührung auf dem Gesäß im Vorbeilaufen, gemeinsamem Duschen oder durch ein kurzes Ankuscheln vor dem Einschlafen – dann ist der Aspekt des Sex nicht so weit hergeholt. Das dauert nur eine Minute oder zwei, die Zeit haben wir alle. Viele Paare in Langzeitbeziehungen scheuen sich vor dem Zündeln, weil sie den Partner nicht frustrieren wollen. Doch wir erinnern uns: Es ist nicht schmerzhaft, wenn ein Mann eine Erektion bekommt und dann nicht ejakuliert, und als Frau hält man eine sexuelle Erregung ohne Hauptmahlzeit auch aus. Das Zündeln setzt etwas sehr Wichtiges voraus: Man muss die Bereitschaft haben, einander immer wieder erreichen zu wollen.

Wenn man aber wie die meisten Paare das Ganze eher effizient halten will, läuft es so: Man geht ins Bett, fummelt aneinander rum, bis einer hart und eine feucht ist, kopuliert, einer oder beide kommen zum Orgasmus. Vielleicht macht es sich frau hinterher geschwind mit dem Klitorissauger oder Vibrator, und dann wird geschlafen. Ehrlich, mir wird schon langweilig beim Schreiben, und Langeweile im Bett ist etwas sehr, sehr Schlechtes. Interessanterweise langweilen sich Frauen deutlich häufiger im Bett; ein Mann hat oft nichts gegen Routine. Langeweile ist kein Gefühl, sondern eher das Ergebnis, wenn man glaubt, dass einem etwas zusteht, und man es nicht bekommt. Viele Frauen versuchen, durch Accessoires ihrer Beziehung Feuer zurückzugeben, beispielsweise mit neuen Dessous oder Sextoys oder gar durch gemeinsames Pornoschauen. Wie wir bereits besprochen haben, sind diese Dinge keine Heilmethode für die Beziehung, unter anderem auch, weil die sexuelle Seele – unser infantiles Selbst – sich nur kurz über neues Spielzeug freut. Wie beim Kleinkind ist nach 14 Tagen der Reiz des Neuen verblasst, und das Spielzeug fliegt in die Ecke. Dabei sind die effektivsten Sachen bereits in uns drin und kosten kein Geld.

«Also die ganze Woche auf niedriger Flamme köcheln – auf Italienisch *fuoco lento*. Das gibt mir Hoffnung. *Fuoco lento*. Gefällt mir», sagte Marcello.

«Bevor wir weitermachen – wollen wir uns nicht duzen? Ich bin schließlich mit Sandra befreundet, da ist diese Siezerei doch albern.»

«*Sì*, gerne.»

«Ein einfaches Tool, das jeder jeden Tag einbringen kann, ist der 6-Sekunden-Kuss. Kennst du den?»

«Nein, was ist das?», fragte Marcello. «Und wollen wir vielleicht meine Frau auf dem Telefon dazuholen?»

«Sehr gerne, ich dachte, du fragst nie», sagte ich. Ich nahm mein Handy und rief Sandra an. Sie wusste, dass Marcello heute bei mir war, und ging nach zweimal Klingeln ran. Ich stellte sie auf Lautsprecher.

«*Amore*, das musst du dir bitte anhören, das ist sehr spannend», sagte Marcello sehr engagiert.

«Ich wollte gerade ein paar meiner Tipps verraten, um die

Lust in Langzeitbeziehungen aufrechtzuerhalten», sagte ich. «Der erste ist der 6-Sekunden-Kuss von John Gottman. Beim 6-Sekunden-Kuss geht es darum, dass man den Partner oder die Partnerin mit Intention mindestens 6 Sekunden küsst, anstatt ihr oder ihm flüchtig und im Vorbeigehen einen Kuss auf die Wange zu hauchen. Erst nach 6 Sekunden wird das Hormon Oxytocin produziert, und wir fangen an, uns auf die Energie des anderen einzulassen. Man verschafft sich so einen Moment der bewussten Intimität.»

Sandra unterbrach mich kurz. «Moment, ich hole mir was zu schreiben.»

«Gerne. John Gottman und seine Frau haben ein Institut, und sie haben viele Paare in einem großen wissenschaftlichen Versuch beobachtet. In einer extra dafür eingerichteten Wohnung haben die Paare ein paar Tage lang bei laufenden Kameras und Mikrofonen gelebt. Dr. Gottman sagt, er kann mit einer Trefferwahrscheinlichkeit von 90 Prozent sagen, ob ein Paar zusammenbleibt oder nicht.[56] Hochinteressant. Ich empfehle allen Interessierten seine Bücher.»

«Ich bin wieder da», sagte Sandra. «Also der 6-Sekunden-Kuss.»

«Genau. Man kann das mehrfach am Tag machen, natürlich sehr gerne, wenn man sich verabschiedet, wenn man sich am Ende des Tages wiedersieht oder abends, bevor man das Licht ausmacht. Alternativ kann man sich wohl auch 20 Sekunden lang umarmen. Ihr werdet sehen – es verändert die innere Chemie, wenn man das tut. Vor allen Dingen entstresst es, und es bildet einen Ankerpunkt der Verbindung im Alltag.»

«Das klingt total einleuchtend», sagte Sandra. «Wie oft macht man das falsch und küsst sich so im Vorbeigehen oder belanglos auf die Wange?»

Marcello stimmte zu. «Zu oft. Ich werde dich jetzt mehr

richtig knutschen, Amore. Dottoressa, sehr spannend! Was hast du sonst noch für Tipps für uns?»

«Ich empfehle eine wöchentliche Sitzung, die ich ‹Sandwich-Stunde› nenne. Jeder bekommt 10 Minuten Zeit zum Reden. Man kann sich gerne einen Timer stellen. Man sollte mit etwas Positivem beginnen und die letzte Minute nehmen, um mit etwas Positivem abzuschließen. Dazwischen, quasi als Sandwich-Belag, darf alles – wirklich alles – gesagt werden. Gerade Dinge, die man sich sonst nicht traut zu sagen. In dieser Zeit darf der andere nicht dazwischenreden, Fragen stellen, protestieren, das Gesicht verziehen oder sonst seine Meinung kundtun, er muss einfach still sein und zuhören. Anschließend redet man gemeinsam über alles, was gesagt worden ist. Dann ist der andere dran. Das ist eine Stunde in der Woche, die gut investiert ist.»

«Ja, klar», sagte Marcello, «das klingt sehr gut und auch gesund, einen fixen Tag in der Woche zu haben, an dem man alles rauslässt, damit sich nichts aufstaut.»

«Ganz genau. Und ganz wichtig ist, dass man lernt, dem anderen alles zu sagen – gerade auch die Dinge, die man sich nicht traut. In einer gesunden Beziehung möchte man natürlich den anderen nicht verletzen, aber das darf nicht dazu führen, dass man durch wohlgemeintes Schweigen sich selbst und damit auch der Beziehung schadet», sagte ich und dachte daran, dass das ein sicherer Raum wäre für beide, wo sie alles besprechen könnten, was eventuell bei der Therapie nicht untergekommen war. Marcello könnte zum Beispiel Sandra sagen, dass er keine Erektion bekommt, wenn sie ihn durch ihre grobe Art kränkt. Sandra hingegen könnte ihm im Vertrauen sagen, dass sie unglücklich war mit Dingen, die im Bett passiert waren, und sich oft einsam gefühlt hatte, wenn sie ihre Wünsche geäußert hatte. Beide würden lernen, dass es die Beziehung nicht zerstört, wenn man etwas Schwieriges aus einem Ort der Liebe heraus kommuniziert. Außerdem würden sie lernen, zuerst anzunehmen, dass der andere den aufrichtigen Wunsch hat, noch mehr Nähe herzustellen, und dass das die Intention seiner Worte ist.

«Seid ihr noch aufnahmefähig? Ich habe noch drei wichtige Aufgaben», sagte ich.

«Klar!», sagten beide gleichzeitig. Sandra rief hinterher: «Ich schreibe alles fleißig mit!»

«Ein Gute-Nacht-Ritual ist wichtig, gerade wenn man zu müde ist für Sex. Das könnte zum Beispiel so aussehen, dass einer sich zum anderen legt, wenn derjenige früher ins Bett geht. In dieser Zeit schaut keiner aufs Handy, man legt sich gemeinsam aufs Bett und schenkt dem anderen Aufmerksamkeit. Vielleicht redet man, oder man liegt kurz in der Löffelchenstellung. Man ehrt damit schlicht die gemeinsame Intention, die Beziehung zu würdigen und zu respektieren. Vielleicht schläft einer ein, vielleicht beide. Vielleicht kommen erotische Gefühle auf, die zu Sex führen, vielleicht aber auch nicht.»

Sandra sagte: «Ich bin oft so müde! Gerade unter der Woche, wenn ich weiß: Morgen klingelt der Wecker, wir haben nicht viel Zeit, jetzt muss ich ganz schnell auf Touren kommen, damit das Ganze nicht so lange dauert ...»

«Das kenne ich von vielen anderen Patientinnen», sagte ich. «Die fünf Minuten Zeit für ein Gute-Nacht-Ritual haben wir aber alle, das muss nicht in Sex enden.»

Das höre ich immer und immer wieder, und das ist in der Tat ein Zeichen der Zeit: Der moderne Mensch ist übermüdet und überreizt. Man verbringt den ganzen Tag vor dem Bildschirm, oder man schaut aufs Handy, bestellt Kram bei Amazon, organisiert Dinge für die Schule oder sonst was, nimmt an Doodle-Umfragen teil, ruft die Mutter an, antwortet schnell noch der

Freundin auf WhatsApp. Wenn man endlich ins Bett kommt und sieht, dass die 7 Stunden Schlaf, die man bräuchte, um halbwegs vital durch den nächsten Tag zu kommen, ohnehin schon nicht erreicht werden können, denken viele: Lieber nicht heute Abend.

Als heterosexuelle Frau hat man noch den «Post-Sex-Cleanup», mit auf Toilette gehen, frisches Höschen anziehen etc. Es erscheint als schlicht zu viel Aufwand. Daher geht es bei dem Gute-Nacht-Ritual wirklich nur darum, kurz zusammen einen Moment der Intimität zu teilen, eine kurze Connection, die leicht sexuell, mäßig sexuell sein kann oder gar keinen direkten sexuellen Charakter haben muss. Sex muss ja nicht nur Verkehr sein; wir denken an das Zündeln. Sex kann ein kontinuierliches Konzept sein, das in diversen Formen unseren Alltag begleitet, anstatt lediglich eine Orgasmus-Manufaktur zu sein.

Den nächsten Tipp, den ich Sandra und Marcello gab, ist, einmal in der Woche gemeinsam zu duschen. Egal, was ist: Den anderen nackt, verletzbar und mit nassem Haar und nasser Haut ganz nahe bei sich zu haben, ein Moment, in dem keiner aufs Telefon schaut und keiner eben mal schnell weggehen kann, hat eine besondere Wirkung auf uns. Man kann sich gegenseitig einseifen oder sich auch einfach nur halten. Unter der Dusche ist schnell die Ich-und-du-Welt wiederhergestellt.

«Gut, dass wir einen Riesenduschkopf haben!», sagte Sandra.

«In den USA haben einige große Duschen sogar zwei Duschköpfe, das finde ich ideal», sagte ich.

«Und wenn man lange nicht sexuell intim war, es Streit gab oder man sonst den Zugang wieder zueinander finden will, empfehle ich immer den Sensate Touch von Masters und Johnson.»

«Warte, ich schreibe immer noch mit. Gibt es keinen deutschen Namen?», fragte Sandra.

«Nicht wirklich – auf Deutsch sagt man so was wie ‹Übungen zur sinnlichen Wahrnehmung›. Das klingt sehr nach Schule und Müssen, und da machen die meisten sexuellen Seelen direkt schon zu. Es sind 5 Schritte, die man in verschiedenen Sitzungen durchführt, um wieder zueinanderzufinden und um die Dynamik des Sex generell zu verändern. Sandra, vielleicht willst du lieber zuhören und das Gespräch aufnehmen, dann kannst du es später in Ruhe aufschreiben.»

«Ich habe eine bessere Idee: Ich setze mich gleich ins Auto und komme in 15 Minuten zu euch. Den Rest können wir dann auf dem Weihnachtsmarkt bei Glühwein und Kakao besprechen, oder?»

«*Che bella idea, Amore!* Komm zu uns!»

Ich verbrachte den Abend damit, Sandra und Marcello den 5-Phasen-Plan zu erläutern, welcher schon seit über 50 Jahren funktioniert und Schlafzimmer und Liebesleben vieler Menschen bis heute positiv verwandelt.

Sensate Touch: Innigkeit ohne Leistungsauftrag

Sensate Touch ist das Filetstück der Lehren von Bill Masters und Virginia Johnson. Dafür ist es interessanterweise nicht einfach, die echten Facts über Sensate Touch zu erforschen, weil in den ersten Jahren diese nur über Workshops und Seminare von Masters und Johnson weitergegeben wurden. Ganz lange war nichts Verlässliches dazu veröffentlicht worden, und es gab viele Missverständnisse rund um das Thema. Ich habe Sensate Touch aber für dich rauf und runter recherchiert und finde, es ist eine sehr pragmatische und logische Sache und damit eine wunderbare Abwechslung zu den wachsweichen Ratschlägen in vielen herkömmlichen Sex-Ratgebern. Diese Methode ist universell anwendbar: heterosexuell, homosexuell oder auf dem Spektrum, alt oder jung, schlank oder mehrgewichtig, körperlich behindert oder physisch in Topform, gesund, krank, hübsch, freaky, anders, egal.

Sensate Touch ist eine hervorragende Methode, um Paare wieder in eine echte Zweisamkeit und sexuelle Erfüllung zu bringen. Eine primäre Voraussetzung ist natürlich – und das ist essenziell für alles Weitere, was ich dir beibringen will, liebe Leserin –, dass beide Partner einander grundsätzlich mögen und die gemeinsame Zeit in die Sensate-Touch-Sessions investieren wollen. Letzteres ist oft einfacher gesagt als getan, gerade wenn einer von beiden sich sträubt, weil er oder sie meint, das müsse «so» gehen, ohne weitere Anstrengung, am liebsten «spontan». Wie wir sehen werden, ist aber Sensate Touch in der Aufbauphase sehr intuitiv und spontan und macht den Weg oft frei für eine sexuelle Reaktion, die unprovoziert und von alleine entstehen darf. Der Schlüssel zum Erfolg aber ist die Bedingung, dass beide von Herzen gewillt sind, die Beziehung zu heilen, wenn auch nur von kleineren bis mittleren Blessuren, wie Streitigkeiten, wenn man lange keinen Sex mehr hatte oder die Verbundenheit aus sonstigen Gründen zu wünschen übrig lässt. Auch zum Lösen von Sexknoten ist Sensate Touch hervorragend geeignet, weil es alte Beziehungsmuster durchbricht und den Druck komplett rausnimmt.

Sensate Touch besteht aus 5 Schritten, die in der Ursprungsfassung von Masters und Johnson unter der Leitung von zwei Sexualtherapeut:innen durchgeführt werden sollten. Ich bin aber der Meinung, alle können das zu Hause versuchen, wenn sie ein paar Grundregeln beherzigen. Wenn der Sex grundsätzlich gut und nicht sehr problembehaftet ist, sehe ich das nicht ganz so streng, gerade wenn es darum geht, als Paar nach einer längeren Durststrecke wieder sexuell intim zu werden. Wenn das Sexleben aber aus diversen Gründen schon länger kränkelt, weil ein Partner zum Beispiel beim Sex geistig abwesend ist oder der Sex mit viel Erwartungsdruck verbunden ist, ist ein allmähliches Steigern der Stufen empfehlenswert. (Sollte das Problem ernster sein, weil zum Beispiel Untreue oder Missbrauch durch Dritte in der Vergangenheit eine Rolle spielen, sollte dringend und unbedingt ein Sexualtherapeut oder eine Sexualtherapeutin hinzugezogen werden. Dieses Buch alleine reicht nicht aus!)

Das Ganze steht unter dem Vorzeichen, dass es keinen «Leistungsauftrag» gibt. In den ersten 4 Schritten ist Geschlechtsverkehr nicht erlaubt. Es geht gar nicht um die Lust an sich, sondern darum, dass man zur Ruhe kommt und sich darauf besinnt, wie sich was unter den Händen und auf dem Körper anfühlt (und nicht warum oder weshalb).

Das Gute ist: Man muss das Ganze nicht vorher schon «gut» finden. Man muss nicht einmal brennende Lust haben, die Sessions zu machen. Man muss nur grundsätzlich wissen, dass man dazu in der Lage ist, die Instruktionen zu befolgen. Man muss nicht mal vorher besonders relaxt sein. Es funktioniert so oder so. Das Zimmer wird bitte nicht romantisch aufgebrezelt mit Kerzen oder gar Musik; das würde die falsche Botschaft senden, nämlich dass Sex das Endziel ist. Nein, nein, nein. Und bitte so wenige Ablenkungen wie möglich: keine Technologie, keine Haustiere, kein offenes Fenster, durch das Zugluft kommt, sodass man friert. Man muss wirklich nur erscheinen, und das am besten nackt oder leicht bekleidet.

Schritt 1 ist der allerwichtigste und bildet das Kernstück von Sensate Touch. Erst wenn man das wirklich verstanden hat, geht man eine Stufe weiter.

Man entscheidet zunächst, wer als Erster berührt; bei Libidoschräglage ist es empfehlenswert, dass derjenige beginnt, der historisch weniger Lust als der andere hat. Der andere legt sich hin. Der Berührende fasst den anderen an, während dieser nur die Berührungen empfängt. Im ersten Schritt werden die Genitalien und die Brust ausgespart! Es geht bei Phase 1 um etwas Essenzielles: Es geht *nicht* darum, eine Berührung durchzuführen, um dem Partner zu gefallen. Das haben am Anfang viele geglaubt, und das war falsch. Man soll darauf achten, den Partner so anzufassen, *wie man selbst es will.* Man führt also die Berührung dort aus, wo man selbst gerade Lust hat und wo die Hand spontan hinwill. So verlegt sich der Fokus von der Selbstbeobachtung auf die einfache Frage: Welchen Körperteil möchte ich anfassen? Wie fühlt es sich an? Man macht sich wertfreie mentale Notizen. Man kann das nicht oft genug betonen, weil man sehr schnell vom Kopf her in die Wertung geht (Gefällt das? Erregt ihn das vielleicht doch?). Diese Dinge sind erst einmal wurst.

Wenn diese Fragen aber doch auftauchen oder man durch andere Gedanken abgelenkt wird, lenkt man seinen Fokus zurück auf drei neutrale Fragen:

1. Wie ist die Temperatur der Haut: warm oder kühl?
2. Wie ist die Textur der Haut: rau oder weich?
3. Ist die Berührung fest oder weich?

Das hat den einzigen und wirklich essenziellen Zweck, den Geist auf *eine* Sache zu fokussieren, weil es schlicht nicht möglich ist, gleichzeitig an zwei Dinge zu denken. Es ist ja komplett normal, gerade wenn man anfängt zu berühren, und das auch noch nackt, über alles Mögliche nachzudenken oder sich selbst zu beobachten und zu bewerten. So verständlich das auch ist, es geht um das Reduzieren der Sinneseindrücke, und die Gedanken sollen sich wieder nur um diese drei Fragen drehen. Das Geniale daran: Wenn man sich auf die Empfindungen fokussiert und keine Erwartungen hat, dass die Berührungen Lust erzeugen, nimmt man komplett den Druck raus und macht den Weg frei für sexuelle Gefühle, die irgendwann von alleine entstehen können. Sex und die dazugehörenden Empfindungen wie Erregung sind nämlich physiologische, das heißt also biologische Mechanismen, wie Einschlafen oder Verdauen. Man hört auf, diesen an sich biologischen Vorgang steuern zu wollen, und lenkt den Fokus auf die Berührungen, die man durchführt und kontrollieren kann. Es geht um die einfache Erkenntnis: Man kann nicht wirklich steuern, ob man selbst scharf wird. Man kann nicht wirklich steuern, ob der andere scharf wird. Man kann nur seine Hände und seinen Fokus kontrollieren. Das befreit ungemein.

Der Empfangende hat die Aufgabe, nur zu empfangen. Er bewertet oder kommentiert die Berührungen gar nicht. Das Einzige, was derjenige kommunizieren darf und soll, ist, wenn etwas unangenehm ist, es zu viel wird, es kitzelt oder es sonst doof ist. Dann soll der Empfangende die Hand als Signal für «Hier gerade nicht» leicht wegschieben. So weiß der Berührende glasklar, wann die Berührung störend ist und wann nicht. Eventuelle Ängste (Was ist, wenn es ihn stört? Mache ich das richtig?) können so ausgeschaltet werden. Wenn sexuelle Gefühle auftauchen, kann man sie zur Kenntnis nehmen, aber dann wieder ziehen lassen. Gerade bei Paaren, die eingefahrene, unerwünschte Gewohnheiten beim Sex haben, ist es wichtig, hier nicht in alte Muster zu verfallen. Wenn wir es zum Beispiel mit einer ungleichen Libidoverteilung zu tun haben (er will öfter als sie oder umgekehrt), also mit einem klassischen Sexknoten, ist es immens wichtig und beruhigend für alle zu wissen: Sex steht nicht auf dem Programm. Sex ist verboten.

Noch mal: Es geht darum, die Berührungen bewusst zu erleben aus dem eigenen Wunsch heraus, die Stellen des Körpers zu berühren, wo die Hand gerade hinwill. Es geht nicht um Lust. Nicht um die eigene, nicht um die des Partners. Vergiss die Lust. Scheiß auf die Lust. Wir richten unsere Aufmerksamkeit allein auf diese drei Fragen:

Wie ist die Temperatur der Haut? Kalt, warm?

Wie ist die Textur der Haut? Weich, rau?

Ist die Berührung fest oder sanft?

So werden negative Verhaltensmuster und Reaktionen, die mit Berührungen und Nacktheit in Verbindung gebracht werden, neutralisiert. Ängste, Erwartungshaltungen, Hoffnungen, alte Enttäuschungen – all diese Dinge werden entschärft.

Zu Beginn einer Beziehung übrigens machen wir das bewusste Erleben des Partners automatisch: Wir achten sehr aufmerksam auf das, was der andere sagt, wie er oder sie aussieht, was wir erleben und empfinden. In allen Schritten des Sensate Touch holen wir uns etwas von dieser Anfangszeit zurück. Es geht darum, nicht zu denken, nicht zu überdenken oder gar zu handeln, sondern nur die Berührung des anderen neugierig, bewusst und wertfrei zu erleben. Genau dort liegt der Ursprung der Magie, die später ihre Wirkung entfaltet.

Bei Schritt 1 bis 4
des Sensate Touch gilt:
Scheiß auf die Lust.

Wenn beide Partner die Grundregel verinnerlicht haben, nämlich dass die Berührungen aus Eigeninteresse heraus durchgeführt werden, darf man zu **Schritt 2** gehen: Jetzt dürfen die Genitalien und die Brust berührt werden, aber nicht mit der Intention oder der Erwartung, Lust zu erzeugen. Daher sollten die Genitalien nicht die ganze Zeit angefasst werden oder mehr Aufmerksamkeit als die anderen Körperteile bekommen und schon gar nicht stimuliert werden, sondern lediglich aus einer Einstellung der Neutralität miterforscht werden. Auch hier gilt: Eventuell auftauchende sexuelle Gefühle ignorieren.

Bei **Schritt 3** dürfen sich die Partner gegenseitig berühren, auch mit dem gesamten Körper. Jetzt dürfen die Lippen oder die Zunge eingesetzt werden, aber nicht zum Küssen oder für Oralverkehr. Und wieder: wortlos Empfindungen wahrnehmen, keine Schritte überspringen, zumindest so lange, bis man als Paar geheilt ist.

Bei **Schritt 4** sollen die Genitalien sich berühren, aber ohne Penetration. Bei heterosexuellen Paaren ist am besten die Frau oben und erforscht, wie sich die Genitalien anfühlen. Erwartungsdruck: null. Der Mann muss auch hier wissen: Erektion nicht notwendig. Die ist nicht eingeladen auf die Party. Die kann also jetzt vor der Tür bleiben oder wieder weggehen. Wenn man Schritt 4 beherrscht oder es sonst passt – und du wirst wissen, wann –, darf die Erektion bleiben. Schritt 4 geht nahtlos über in Schritt 5.

Schritt 5 nennen Masters und Johnson explizit «Sensual Intercourse» statt «Sexual Intercourse». Damit soll zum Ausdruck gebracht werden, dass der Sex hier anders als bisher angegangen werden soll: nicht mechanisch oder orgasmusfixiert, sondern mit der Betonung auf das sinnliche Erleben. Eine langsame Penetration mit derselben Intention, nämlich dem möglichst neutralen Fokus darauf, wie es sich anfühlt, ist zum Abschluss einer solchen Session ideal. Wenn man hier schon eine enge Verbundenheit zum Partner spürt, deren Energie einen in den penetrativen Verkehr hineintragen will, darf man sich dem hingeben. Das werdet ihr schon merken. Vielleicht schaut man sich bei der langsamen Penetration in die Augen oder versucht mit vorsichtigen, langsamen, bewussten Stößen diese neue Interpretation eines uralten Akts zu würdigen.

Mit etwas Glück taucht man gemeinsam ein in eine Welt, in der das reine Berühren oder Umarmen nicht mehr ausreichen, um das auszudrücken, was man fühlt. Genau in dieser Welt findet der Sex, den die meisten haben wollen und vermissen, seinen Ursprung und seine Daseinsberechtigung. Dort, wo zwei Seelen ihre gemeinsame Verbindung spüren können, wenn sie miteinander körperlich sexuell sind, wo die Atome und Moleküle der sexuellen Partner nicht nur miteinander sprechen, sondern gemeinsam auf derselben Frequenz vibrieren und singen.

Auf Nimmerwiedersehen, Orgasmus-Manufaktur.

Herzlich willkommen, sexuelle Erfüllung.

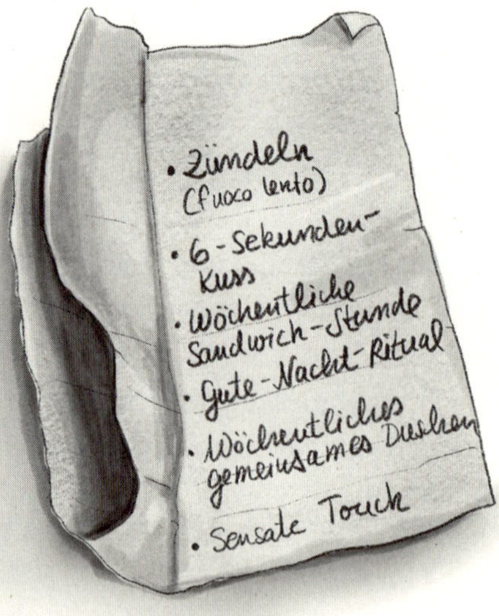

10.

Connecting the Dots – Was brillante Liebhaber:innen richtig machen (und was wir Durchschnittsmenschen von ihnen lernen können)

Sex. So viel hat sich verändert, seit Alfred Kinsey in den 1950ern seine Forschungsergebnisse veröffentlichte, und gleichzeitig hat sich gar nichts verändert. Wir Menschen versuchen immer noch, Sex in Kategorien zu pressen. Die Message an die Gesellschaft hat sich bewegt von «Sex ist eine rein triebgesteuerte, animalische Tätigkeit» über «Sex ist reine Kopfsache» zu «Alle sexuellen Probleme können mit Dingen aus der Apotheke gelöst werden». Keine dieser Aussagen ist vollständig. Jeder, der sie unkritisch propagiert, beschreibt lediglich einen Teilaspekt der sexuellen Welt, ohne den Rest in Betracht zu ziehen, ähnlich wie in dem Gleichnis von den drei blinden Männern, die einen Elefanten beschreiben wollen, aber jeder untersucht einen anderen Körperteil und erhält daher einen anderen Eindruck.

Ähnlich verhält es sich mit unseren Vorstellungen davon, was guten Sex ausmacht, und vor allen Dingen, wer ihn erleben darf. Wenn man den Medien Glauben schenkt (und das sollten wir langsam lassen), bekommt man permanent den Eindruck, nur junge, schöne, schlanke und gesunde Menschen haben großartigen Sex. Das ist natürlich Blödsinn, denkst du völlig zu Recht. Aber vielleicht ahnst du noch nicht, *wie* recht du hast. Ich habe zwar immer wieder gesehen und erlebt, dass erfüllende Sexualität nicht auf eine Zahl auf der Waage fixiert ist und dass die Anzahl der Kerzen auf der letzten Geburtstagstorte der sexuellen Seele und ihren Bedürfnissen egal ist – die sexuelle Seele altert nicht, wie wir gelernt haben. Aber da ich auch Wissenschaftlerin bin, wollte ich Zahlen sehen und habe mich tief in die Welt der Sexualforschung hineinbegeben. Dort angekommen, hat mich als Erstes erfreut zu sehen, dass in der Sexualmedizin eine erfrischende neue Bewegung stattfindet.

Bisher hatte man immer nur Patientengruppen erforscht, die Probleme in der Sexualität hatten: von schwindender Lust zu keiner Lust, von zu frühen Ejakulationen bis hin zu Menschen, die keinen Orgasmus haben. Das vollständige Spektrum der sexuellen Erlebnisse wurde von akademischer Seite aus jedoch lange nicht erforscht. Menschen, die Probleme haben, ja, und bis zu einem gewissen Grad auch Menschen, die keine Probleme haben. Aber eine andere Gruppe hatte man wissenschaftlich komplett vernachlässigt und ignoriert, und zwar diejenigen, die von sich behaupten, außergewöhnlich guten Sex zu haben, und eine wichtige Untergruppe davon, nämlich ältere Menschen ab 50, die von sich behaupten, den besten Sex ihres Lebens zu haben.

Daher ist es mir eine besondere Freude, die Arbeit von diesen Sexualwissenschaftler:innen vorzustellen, beginnend mit Jeanne Shaw aus Atlanta.[57] 1994 hat sie die inspirierenden Ergebnisse ihrer Studie mit Interviews von 65 Menschen zwischen 50 und 92 Jahren veröffentlicht und festgestellt, dass es Zeit wird, schädliche und falsche Vorstellungen über schlechten oder fehlenden Sex im Alter für die nächste Generation abzulegen. Diese Publikation gab den Anstoß für eine weitere Forschungsgruppe aus Ontario, Kanada, das Thema zu vertiefen: Peggy Kleinplatz und ihre Kolleg:innen aus dem Optimal Sexual Experiences Research Team (was für eine Stellenbeschreibung!) der Universität von Ottawa begannen im Jahre 2005, Menschen zu interviewen, die von sich sagen, sie haben grandiosen Sex. Sie rekrutierten Männer und Frauen mittels Aushängen an Schwarzen Brettern in Community-Centern, in Universitäten, über Kolleg:innen aus der Sexualtherapie und aus queeren und kinky Foren. Sie interviewten zunächst 75 Menschen, von jung bis über 80, von heterosexuell zu queer, von vanilla zu kinky, von monogam zu polygam. Diese und ähnliche Studien haben mich dazu motiviert, mich mit älteren Patientinnen immer wieder über den besten Sex ihres Lebens zu unterhalten und gezielt Fragen zu stellen.[58] Ich bin meinen Patientinnen so dankbar, denn ihre inspirierenden Geschichten decken sich mit allem, was ich seitdem von meinen Kolleg:innen aus der Sexualwissenschaft gelernt habe.

Peggy Kleinplatz und Kolleg:innen zogen aus, um zu dokumentieren, was großartige Liebhaber:innen speziell ausmacht, und im zweiten Schritt, um Anregungen zu geben für uns Normalos, die sich vielleicht hier und da eine Scheibe abschneiden wollen. Es kann wie gesagt niemals nur ein Rezept für guten Sex geben, das für alle und immer universell anwendbar ist, dennoch folgen in diesem Kapitel Anregungen und Zutaten, damit jeder, der neugierig ist, sein eigenes Rezept zusammenstellen kann. Auch wer sein Intimleben oder die Innigkeit in der Beziehung weiter ausbauen möchte, kann schauen, was möglich sein könnte. Bedenke bitte: Die Sexualität von uns allen ist eine Reise, ein Reifungsprozess und muss niemals stagnieren, gerade dann nicht, wenn wir in unserer zweiten Lebenshälfte sind. Diese Ergebnisse sollten dich nicht einschüchtern oder entmutigen; es soll nicht so sein, wie wenn man gerade Tennis lernt und auf dem Platz nebenan spielen die Cracks und man denkt: Das lerne ich nie. Die Berichte der vielen älteren Menschen sind eher ein Beweis dafür, dass es vollkommen gerechtfertigt ist, lieber keinen Sex zu wollen als Sex, der einen nicht erfüllt. Wir lernen alle ein Leben lang dazu. Daher: Für die nächsten Zeilen lehne dich in deinem Sessel zurück und lass dich durch wunderbare und erstaunliche Studienergebnisse führen, die – auch wenn sie zum Teil noch unerreichbar klingen – uns vielleicht Hoffnung geben können auf schöne, innige Stunden in der Zukunft.

Die Sexualwissenschaftler:innen gingen bei ihrer Suche nach großartigem Sex besonders systematisch vor. Ihr erstes Ziel war, festzulegen: Was *ist* überhaupt grandioser Sex und was unterscheidet ihn von daily, business-as-usual Sex, ganz gutem Sex oder sogar echt gutem Sex? Herausgekommen sind die 8 Komponenten von grandiosem Sex. Diese sind offenbar universell, denn sie wurden von allen berichtet: von Lack-und-Leder-Menschen bis zu Vanilla-Rentnern, die seit 50 Jahren verheiratet sind. Wichtig für uns zu wissen ist, dass all diese interviewten Personen sagten, sie hätten als junge Menschen ganz viele suboptimale sexuelle Erlebnisse gehabt, wie die meisten von uns auch, und viele von ihnen gaben an, erst später besseren und dann noch besseren Sex erlebt zu haben.

The Big Eight

1. Vollständige Präsenz und Absorption

Das Gefühl, komplett vom sexuellen Erlebnis umhüllt zu sein, ist die erste der acht Hauptzutaten von grandiosem Sex. Diese Liebhaber:innen haben im Prinzip das Ergebnis des Sensate Touch genommen, es perfektioniert und die nächste Stufe gezündet: Anstatt dass der Mensch die sexuellen Empfindungen wahrnimmt, übernehmen die sexuellen Empfindungen das Ruder und absorbieren den Menschen. Die Sexualwissenschaftlerinnen Linda Weiner und Constance Avery-Clark nennen diesen Zustand auch «Sensate Touch Phase 2».[59] Man gibt sich den sexuellen Wogen hin, die nun größer sind als man selbst. Zeit und Raum verschwimmen. Man bekommt von der Außenwelt nicht mehr viel mit, so als befände man sich mitten im Sturm in einem Faradaykäfig. Man wird nicht mehr durch wandernde Gedanken abgelenkt. Ein Teilnehmer der Studie beschrieb das folgendermaßen: «Du bist nicht eine Person, die gerade in einem sexuellen Zustand ist. Das bist alles du. Du *bist* der Zustand.»

Grandiose Liebhaber:innen ehren sexuelle Reaktionen als Naturgewalten, die nicht in unserer Hand liegen, und fokussieren ihre Aufmerksamkeit auf ihre Sinneseindrücke. Alle suchen offenbar das eine: zu spüren, dass wir gänzlich da sind und nicht bloß existieren. Zu spüren, dass ein ruhender Teil von uns in den Armen eines anderen Menschen zum Leben erwacht.

2. Fusion

Was auf den ersten Blick als Widerspruch erscheint, ist in der Tat eine Erweiterung der Absorption: Menschen, die fantastischen Sex erleben, beschreiben diesen als eine starke Connection oder Fusion der Seelen und Körper. Die Moleküle vermischen sich, die sexuelle Energie umhüllt beide wie eine Decke, sodass sie gar nicht sagen können, wo ein Mensch endet und der andere beginnt. Man ist ein gemeinsamer Körper. Das ist übrigens auch kein Widerspruch zum häufigen Bedürfnis nach Abgrenzung und Abstand, das in Beziehungen normal und gesund ist. Schließlich ist der Weg über diese Strecke, die einen trennt, die Brücke, die man überquert zum anderen, ein Teil der sexuellen Annäherung. Der fusionierte Sex selbst geschieht, wenn das Tal sich schließt, die Brücke verschwindet und man eins wird.

3. Tiefes sexuelles Vertrauen und erotische Intimität

Diese Komponente wird von fast allen Teilnehmer:innen – egal, ob männlich oder weiblich – als unabdingbar beschrieben: Man muss dem anderen Menschen komplett vertrauen können, um wirklich intensiv sexuell intim zu sein. Die Beziehung muss nicht nur intakt sein, sondern auch gut, und nicht nur von gegenseitigem Vertrauen, sondern auch von Respekt geprägt sein. Eine Teilnehmerin sagte über ihren Partner: «Ich sage allen, es war nicht Liebe auf den ersten Blick – es war Vertrauen auf den ersten Blick.» Um es präziser auszudrücken: Man vertraut nicht bloß darauf, dass der andere einen nicht verletzt oder betrügt, sondern empfindet etwas, das vom Partner nonverbal auf Seelenebene kommuniziert wird, sodass man selbst diffuse Ängste verliert und gänzlich furchtlos wird. Diese Furchtlosigkeit taucht immer wieder in anderen Komponenten auf, wie wir gleich sehen werden.

Was höchst bemerkenswert ist: Die allerwenigsten nannten «Liebe» als Grundvoraussetzung für echte Intimität, obwohl alle Facetten der Liebe im klassischen Sinne beschrieben wurden. Auch die Art und Weise, wie die Teilnehmer:innen über ihre Intimpartner sprachen, war wohl ausgesprochen liebevoll. Vielleicht war das Wort Liebe zu unpräzise oder erschien zu abgedroschen, um es in dem Zusammenhang zu verwenden. Denkbar ist auch, dass die Teilnehmer:innen eher die Bestandteile von Liebe präzise benennen wollten, um das Wesentliche zu betonen; dass sozusagen die Elemente, die für uns klassischerweise Liebe ausmachen, auch entscheidend für die Tiefe der sexuellen Begegnung waren.

4. Außergewöhnliche Kommunikation und tiefe Empathie

So oft reden wir von der Relevanz guter Kommunikation für eine Beziehung: Wenn der Haussegen schief hängt, geben viele Beziehungsexpert:innen bewährte Tipps wie gutes Zuhören, den anderen ausreden lassen oder Ich-Sätze. Obwohl diese Dinge effektiv sein können, um Harmonie wiederherzustellen, gehören sie dort, wo grandioser Sex zu Hause ist, nicht zu den tragenden Wänden. Wenn wir Normalo-Menschen in der Kreisliga der Kommunikation spielen, beeindrucken außergewöhnliche Liebhaber:innen mit einer Kommunikation auf Wimbledon-Level. Ihre Art, sich während der Interviews auszudrücken, so Kleinplatz und Kolleg:innen, sei lebendig, profund, vereinnahmend und gleichzeitig unfassbar präzise gewesen. Dieser Wille, so offen und ehrlich über Sex zu sprechen, ist nicht einfach und erfordert Mut. Furchtlosigkeit. Wer kein Kommunikationsmeister ist, kann seine Empathie nonverbal zum Vorschein bringen, denn großartige Liebhaber:innen haben als weiteres Ass im Ärmel die hohe Kunst der empathischen Berührung perfektioniert, mit Händen, Genitalien oder Lippen.

Für diese Menschen ist Küssen zum Beispiel essenziell als Basisinstrument der Kommunikation und wird nicht nur als «Auftakt» zum Sex eingesetzt, sondern die ganze Zeit. Küsse werden also nicht nur als Aperitif angesehen, sondern werden sozusagen als Begleitwein betrachtet während der gesamten Mahlzeit. Aber auch die Hände sind ein Instrument der sexuellen Titanen, um Emotionen auszudrücken und um bewusst das sexuelle Erlebnis zu erheben, und zwar egal, wie lange die Beziehung schon existiert. Brillante Liebhaber:innen sind sich der Gefahr der einschleichenden Monotonie im Schlafzimmer bewusst und versuchen, nicht in eine Routine zu fallen. Neugierig erforschen sie ihre Partner mit ihren Händen und dem ganzen Körper und frischen ihr Wissen über den anderen immer wieder auf, ganz nach dem Lied von John Mayer: «Your Body Is a Wonderland».

Tiefe sexuelle Empathie kann man lernen, mit etwas gutem Willen und dem richtigen Partner. Dafür muss der andere der richtige Kandidat sein, um solche Empathie zu empfangen und zu würdigen; wenn einer nur halbherzig dabei ist, wird das schwierig. Ebenso ist ein sexuelles Ausnahmeerlebnis schwer vorstellbar mit einem Menschen, der unehrlich ist oder sich immer nur beschwert und nichts Gutes oder Positives am Partner finden kann. Gelungene Kommunikation durch tiefe sexuelle Empathie entsteht nämlich durch echte Liebe, aufrichtiges Interesse aneinander und dadurch, dass man gemeinsam auf der gleichen sexuellen Frequenz vibriert. Die Bedingungen dafür sind am besten, wenn man mit sich selbst tief verbunden ist, differenziert ist und gleichzeitig während des intimen Akts die sexuelle Energie spürt, die wie ein Batterie-Kreislauf durch beide hindurchfließt, um beide ganz nah aneinander zu binden.

5. Authentizität

Ein weiteres Merkmal von grandiosen sexuellen Erlebnissen, die in Erinnerung bleiben, ist, so berichteten einige Teilnehmer:innen, wenn man sich selbst spürt und es schafft, mit einer fundamentalen Wahrheit des eigenen Ichs Kontakt aufzunehmen. Eine solche tiefe Begegnung mit dem wahren Ich ist wunderbar, muss aber natürlich nicht unbedingt bei jeder sexuellen Session stattfinden. Aber zu wissen, dass es das gibt, und immer wieder auch im Alter von neuen Aspekten seiner eigenen Sexualität überrascht zu werden, finde ich ermutigend. Eine Frau der Studie von Peggy Kleinplatz beschrieb das so, als hätte sich in ihrer Lebensmitte während einer außergewöhnlichen sexuellen Begegnung auf einmal eine innere Tür geöffnet, durch die sie hindurchgerannt sei, und sie wäre sofort zu Hause gewesen; dort wurde eine Sprache gesprochen, die sie noch nie gehört hatte, aber sofort fließend sprach.

Grandioser Sex kann das; er bringt einen zum Kern-Ich zurück, wo man seine eigene Stimme wiederfindet und erlebt, wer man wirklich ist. Einmal erlebt, findet man die Courage, vor dem anderen ganz ursprünglich und authentisch man selbst zu sein. Es scheint so, als müsse man wirklich sein Innerstes intim kennen und erleben, bevor man es mit einem anderen Menschen teilen kann.

6. Verletzlichkeit

Bei außergewöhnlichem Sex finden wir nicht nur unsere Stimme, sondern haben den Mut, uns emotional im Beisein eines anderen Menschen komplett nackt zu machen. Während man beim Durchschnittssex oft einen kleinen, unsichtbaren Zaun um die eigene Seele aufrechterhält, schmelzen beim außergewöhnlichen Sex alle Barrieren. Manche beschrieben es, als würden sie von einer Klippe springen, ein Moment, in dem man nichts tun muss oder gar tun kann. Einer sagte sinngemäß, dass man einen Wasserfall nicht vorantreiben kann, man kann ihn aber sehr wohl einfach fließen lassen. Großartige Liebhaber:innen ergeben sich, verbeugen sich und überlassen ihr Selbst der Naturgewalt des grandiosen Sex.

7. Furchtlosigkeit

Abenteuerlust und die Bereitschaft, Risiken einzugehen, wurden bei fantastischem Sex immer wieder thematisiert. Die Bereitschaft zu haben, ein Risiko einzugehen, bedeutet natürlich nicht, unsafen Sex mit Fremden oder doofe Tinder-One-Night-Stands zu haben; ich denke, das ist allen klar. Es geht in der einfachsten Form darum, persönliche Risiken einzugehen, über Pannen im Bett zu lachen oder einfach über sein eigenes blödes Sex-Face amüsiert zu sein. Auf einer tieferen Ebene bedeutet es für Liebhaber:innen, die Sex von diesem Kaliber suchen, dass sie bereit sein müssen, gemeinsam mit ihrem Partner oder ihrer Partnerin ihre persönlichen Grenzen zu finden und diese auszudehnen. Das ist eine andere Einstellung als unsere gerade sehr beliebte «Safe Space»-Kultur, die, wenn es darum geht, Emotionen zu beschützen, eher das Risiko birgt, sexuell zu stagnieren. Wer die Angst verliert und gemeinsam mit dem Partner oder der Partnerin auf der Suche nach bedeutsamem Sex geht, kann Neues über sich selbst lernen. Das heißt in diesem Kontext aber nicht, auf einmal zu Swingerpartys gehen oder eine Ménage-à-trois ausprobieren zu müssen – solche Abenteuer sind damit nicht gemeint, wie viele Teilnehmer:innen bestätigten. Obwohl solche sexuellen Begegnungen je nach Vorliebe «hot» seien, würden sie nicht unbedingt die Zutaten enthalten für den erotischen Sex, den man vermisst und der einen zum eigenen Kern bringt.

8. Transzendenz

Eine unerwartete Gemeinsamkeit hatten alle Erzählungen von großartigem Sex: Es fühlte sich außerweltlich an, als würde die Zeit stillstehen. Fast alle Befragten, die sich übrigens als nicht religiös bezeichneten, beschrieben Ähnliches: dass großartiger Sex etwas Heiliges hat, etwas Friedliches, einen in eine andere Welt aus Licht und Zeitlosigkeit transportiert. Einige Aussagen waren sehr beeindruckend:

«Wir standen plötzlich in der Anwesenheit von Engeln.»

«Wir wurden zu Licht.»

«Es war ein Geschenk von Gott.»

Das Physische wurde fast irrelevant im Vergleich zu diesen spirituellen Erlebnissen, die von beinahe allen – und ich will es noch mal sagen, vom Lack-und-Leder-Menschen bis zum Vanilla-Rentner – unabhängig voneinander berichtet wurden, ähnlich wie Menschen, die Nahtoderfahrungen haben und alle vom weißen Licht am Ende des Tunnels berichten.

Viele gaben überwältigende Erfahrungen wieder, in denen

sie Glück von der Ursprungsquelle und sich nachher größer und besser als vorher gefühlt haben. Manche haben begriffen, wer sie eigentlich sind oder wozu sie noch fähig sind. Manche hatten profunde Erkenntnisse, die ihr Leben verändert haben, oder erkannt, dass wir Menschen auf der Erde sind, um diese Welt zum Besseren zu verändern. Das sind irre Berichte, und sie sollen auch nur verdeutlichen, dass wir über Sex tatsächlich zu wenig wissen und dass Sex viel mehr ist als funktionierende Genitalien. Sexuelle Energie zwischen zwei Menschen kann in der richtigen Konstellation so viel heilen. Daher ist Sex nichts Triviales, kein Hobby, das man an den Nagel hängen sollte, nur weil man älter ist und Falten und Winkearme hat, gerade wenn man diese Möglichkeiten noch nicht genutzt hat in seinem Leben.

Kann man jetzt schon sagen, wer solche fast überirdischen Erlebnisse haben wird, wann und wie oft? Nö, und das ist auch nicht notwendig. Bedenke bitte, dass diese Erzählungen oft Einzelberichte sind («Erzähl mir vom besten Sex deines Lebens!») und dass Alltags-Sex, Langeweile-Sex, Hausfriedens-Erhaltungssex und Routine-Nummern bei allen Menschen irgendwann vorkommen. Dennoch finde ich es allein aus wissenschaftlicher Sicht spannend, dass diese Dinge immer ähnlich beschrieben wurden.

Was heißt das für dich? Ganz einfach: Leuchtende sexuelle Erlebnisse sind für jeden erlebbar, wenn die Bedingungen stimmen. Sexuelle Hindernisse oder Beziehungsprobleme hingegen sind vielleicht dazu da, dass wir wachsen und reifen, entweder gemeinsam als Paar oder allein. Sex ist ja immer ein Spiegelbild dessen, was gerade in der Beziehung – oder eben nicht – passiert. Vielleicht kann Sex mit all seinen Problemen, Konflikten und schambehaftetem Mist (der jenseits der 50 längst ausgedient hat) als Weckruf dienen, der uns mahnt: Das ist dein Leben. Die Uhr tickt, das Leben ist kostbar. Schüttle die alte Version von dir ab. Es wartet eine neue, kraftvolle, wahrhaftige, mutige Version von dir.

Wer weiß? Vielleicht wartet auf jeden von uns ein mystisches Erlebnis, wenn wir uns lange genug mit Intention, Wohlwollen und Liebe uns selbst und unseren Partner:innen im Schlafzimmer widmen.

Apropos Wohlwollen – eins muss vollkommen klar sein: Wir haben es bei den besagten großartigen Liebhaber:innen mit einer Menschensorte zu tun, die grundsätzlich bereit ist, die Beziehung zum Mittelpunkt ihres Lebens zu machen. Das bedeutet, über Dinge miteinander zu reden, auch wenn sie unangenehm sind, auch wenn es Konflikte bedeuten könnte. Es bedeutet, in die Beziehung und in den Partner so zu vertrauen, wie man vielleicht vorher noch nie jemandem vertraut hat; sich so weit in der Beziehung zu entwickeln, dass man nicht dieselben Fehler macht wie in den Beziehungen davor; den Mut zu haben, sich seinen eigenen Altlasten zu stellen, auch wenn sie einem Angst machen; die Bedürfnisse der Beziehung über den eigenen Egoismus zu stellen. Ich schreibe das daher so deutlich, weil ich nicht weiß, in welcher Art von Beziehung du dich gerade befindest, liebe Leserin. Mir ist sehr wohl bewusst, dass es Phasen im Leben gibt, in der die Beziehung eine solche Art der Intimität nicht hergibt. Nach meiner professionellen Beobachtung sind es ja meistens die Frauen, die in Beziehungen die Entscheidungen treffen, und die Männer, die nicht auf Worte reagieren, sondern erst auf vollendete Tatsachen. Auffällig häufig sind es die Männer, die Sex ohne Nähe wortlos akzeptieren und die Worte der Frauen nicht ernst nehmen (siehe Marcello) oder die sich in Ablenkungen flüchten, wie die Arbeit, hirnloses Handy-Scrollen, Abhängen mit Kumpels, das Rennrad (wir denken an Annas Ex-Mann Rainer), oder die sich im Reich der Internetpornografie verlieren.

Wenn man den anderen Menschen nicht nur liebt, sondern auch mag, bereit ist, die Beziehung zu priorisieren, und aufrichtige Nähe sucht, muss man etwas Neues versuchen. Vielleicht muss eine Paartherapie her, vielleicht reicht aber auch schon eine wöchentliche Sandwich-Stunde, um Fortschritte zu machen.

What's Love Got to Do With It? (Die Antwort: alles.)

Es gibt Menschen, mit denen man niemals grandiosen Sex dieses Kalibers erleben kann, und darüber muss ich ein paar Worte verlieren. Die Rede ist von toxischen Menschen, gewalttätigen Menschen und narzisstischen, manipulierenden Männern. Über toxische Männer und persönlichkeitsgestörte Personen können wir ganz lange reden oder es auch ganz kurz halten: Laufe weg. Plane deine Flucht. Blockiere seine Nummer, wechsele das Schloss aus oder packe deinen Koffer und haue mit den Kindern in den frühesten Morgenstunden ab. Erobere dein Leben zurück und bringe es wieder auf Kurs.

Tina Turner hat uns allen vorgemacht, wie das geht. In einer Nacht-und-Nebel-Aktion hat sie damals mit wenigen Dollar in der Tasche ihren misshandelnden Ehemann Ike verlassen. Später, mit 46, lernte sie Erwin Bach kennen, 16 Jahre jünger. Für sie war es wohl Liebe auf den ersten Blick. Sie hat mal gesagt, sie hätte von ihm gelernt, jemanden zu lieben, ohne sich selbst zu verlieren. Glücklich ist sie gestorben, nach über 40 schönen Jahren mit Erwin. Mach es wie Tina. Das Leben ist nicht nur zu kurz für schlechten Sex, es ist definitiv zu kurz (und du zu wertvoll) für Sex mit einem Menschen, der dich im Grunde zerstören will. Auch du kannst richtig erfüllenden, guten Sex erleben, mit einem Menschen, der sich, anstatt dich brechen zu wollen, vor dir und deinem guten Herzen verbeugt und sich täglich mit Herzklopfen freut, dich anschauen zu dürfen. Dieser Mensch ist da draußen. Wir finden deinen Erwin noch, keine Sorge.

Dinge, die unwichtiger sind, als man meint

Nachdem wir gelernt haben, was die wichtigsten Zutaten für außergewöhnlich guten Sex sind, schauen wir uns an, was *nicht* dazugehören muss, und räumen mit einer Abrissbirne mit den Messages auf, die man uns seit Jahrzehnten verkauft.

Als Erstes ist festzuhalten, dass subjektive Attraktivität längst nicht so wichtig ist wie die Chemie zwischen zwei Menschen. Die physischen Aspekte sind im Vergleich zur sexuellen Energie und Connection, die zwischen zwei Menschen besteht, definitiv der Chemie unterlegen, wenn nicht komplett irrelevant. Viele Befragte sagten, dass es nicht mal eine extreme sexuelle Anziehung zwischen zwei Menschen geben muss, um extrem guten Sex zu haben, sondern vor allem zählt, dass man sich komplett dem sexuellen Akt mit dem Partner hingeben kann. Das ist vielleicht für Paare wichtig zu hören, deren Sexleben eingeschlafen ist und die jetzt nur noch wie WG-Mitbewohner zusammenleben.

Auch großartige manuelle oder orale Technik können bei Sex ohne bemerkenswerte Chemie nicht viel ausrichten und werden als eher langweilig wahrgenommen. Insofern gehören die ganzen Magazin-Tipps («Sei der King im Bett!») in die Tonne. Es gibt auch keinen spezifischen Akt – Oralverkehr, Analverkehr oder der klassische penetrative Sex –, der ein besonders grandioses Erlebnis garantiert. Die einzige sexuelle Handlung, die durch die Bank weg als erotisch und für wichtig erachtet wurde, war intensives Küssen.

Orgasmen sind keine Voraussetzung für lebensverändernden Sex. Das ahnten wir schon. Vielleicht streben wir sie dennoch an, weil Orgasmen im Idealfall eine symbolische Kommunikationsform für die Gefühle sind, die wir zum Partner haben. Gerade wenn der Orgasmus in einem sehr innigen Moment stattfindet (zum Beispiel, wenn einer beim Höhepunkt «Ich liebe dich» schreit oder anfängt zu weinen, ja, so was soll es geben), ist das durchaus eine beeindruckende Komponente von Sex. Aber genau wie ein Sternerestaurant nicht ausschließlich für sein Dessert berühmt ist, ist ein Orgasmus nie das Hauptgericht von grandiosem Sex. Meistens sind Orgasmen auch nicht das, was nach einem formidablen sexuellen Ereignis in Erinnerung bleibt, sondern eher das gesamte Erlebnis, den Partner oder die Partnerin zu beobachten und zu halten, wenn er oder sie vom Strom eines Orgasmus mitgerissen wird.

Weitere Mythen vs. die erfreuliche Wahrheit

Es gibt noch sehr viele Mythen, die wir loslassen können, weil es grundsätzlich richtig gute Nachrichten gibt: Die Wahrheit über fabelhaften Sex ist deutlich besser als die falschen Mythen und dazu noch leichter zu erreichen als die Botschaften, die man uns in Medien und seitens der Gesellschaft eingeflößt hat. Die großartigen Liebhaber:innen sind es deshalb geworden, weil sie diese Mythen ignoriert haben und für sich definiert haben, welche Qualität von Sex sie haben wollen. Wenn wir irgendwas von diesen Menschen lernen wollen, ist

das unmittelbar mit dem Ablegen von alten Glaubenssätzen verbunden. Schauen wir sie uns daher unbedingt näher an.

1. «Sex muss spontan sein.»

Nix da. Wenn wir Sex nicht mit Intention begegnen, passiert er nicht. Sex sollte priorisiert werden, genauso wie man Hobbys angeht: Man geht nicht eben spontan zum Yoga oder zum Gärtnern. Man strickt nicht spontan einen Pulli oder backt spontan Weihnachtskekse. Etwas Vorbereitung muss sein – nicht unbedingt Klischeekram wie Kerzen, Rosenblätter und Achtzigerjahre-Kuschelrock, sondern an die jeweiligen Bedürfnisse angepasst: keine Kinder im Haus oder einen Babysitter besorgen und ein Hotelzimmer mieten. Mittags hinlegen, damit man länger wach bleiben kann, wenn die Kinder schon schlafen. Ein sauberes, ordentliches Schlafzimmer, in dem keine Schmutzwäsche rumfliegt, war vielen Befragten wichtig. Eine gute Ausstattung sei hilfreich, gerade die Basics: eine Flasche Wasser neben dem Bett, vielleicht Massageöl, Gleitmittel oder Kondome. Wenn man eine längere Sexsession plant, kann man auch Snacks bereitlegen. Ansonsten gilt: Handys und Technik raus aus dem Schlafzimmer. Jegliche Ablenkung sollte minimiert werden, damit der Fokus allein auf dem Partner oder der Partnerin und dem Erlebnis liegen kann. Auch der Zeitfaktor ist wichtig: Viele benötigen ein paar Stunden, um den Alltag hinter sich zu lassen und sich erst mal energetisch auf den anderen einzulassen. Erst mal in Ruhe ankommen. Im Gegensatz zum Rest der Welt machen das die Franzosen beispielsweise schon beim Essen im Restaurant, das gerne mal 2 bis 3 Stunden dauern kann.

Auch die eigene Vorbereitung – Beine rasieren, Parfüm, schöne Unterwäsche – macht großartigen Liebhaber:innen sehr viel Spaß und ist ihnen wichtig. Es geht hierbei nicht darum, sich Stress zu machen mit Lockenwicklern etc., sondern darum, dass die Vorfreude auf eine geplante sexuelle Begegnung an sich bereits Freude macht.

Nicht nur die Vorbereitung des Zimmers, des eigenen Aussehens oder der eigenen Zeitplanung war wichtig, sondern die Beziehung muss ebenfalls in Ordnung gebracht werden. Harmonie muss hergestellt werden, die Stimmung muss heil sein. Der oft gelobte «Versöhnungssex», in dem man im Prinzip noch sauer auf seinen Partner ist, ist wohl für außergewöhnliche Liebhaber:innen eher Sex zweiter Klasse; lieber sollte die häusliche Welt schon Stunden vorher in Ordnung sein. Das kann man sich gut vorstellen: Beim ersten Sex mit jemandem ist es ja meist auch so, dass das Date vorher gut gewesen sein muss, damit später Sex «spontan» passiert. Wenn man sich schon beim Essen nicht gut verstanden hat, der Typ den Kellner angebrüllt hat oder genervt von der Arbeit ist und das mit zum Dinner bringt – ich glaube nicht, dass das eine Konstellation ist, die für den ersten Beischlaf wirklich zuträglich ist.

Exzellente Liebhaber:innen wollen mit ihrem Partner oder ihrer Partnerin lieber Qualitätszeit vor dem Sex verbringen, in der sie sich auf den anderen fokussieren können, ohne Ablenkungen von außen. Das kann gemeinsames Wandern sein, zusammen auszugehen oder auch einfach das Haus gemeinsam zu putzen. Das ist zwar alles kein Garant für sehr guten Sex, aber es geht um die Intention, diesen in sein Leben einzuladen und die Voraussetzungen dafür zu schaffen, dass Magie entstehen kann.

2. «Großartige Liebhaber:innen waren schon immer so.»

Auch falsch. Die allermeisten Teilnehmer:innen in den einschlägigen Studien sagten alle mehr oder minder dasselbe: Als Teenie glaubte man, guten Sex zu haben, wenn die Genitalien funktionierten und die Eltern nicht ins Schlafzimmer kamen.

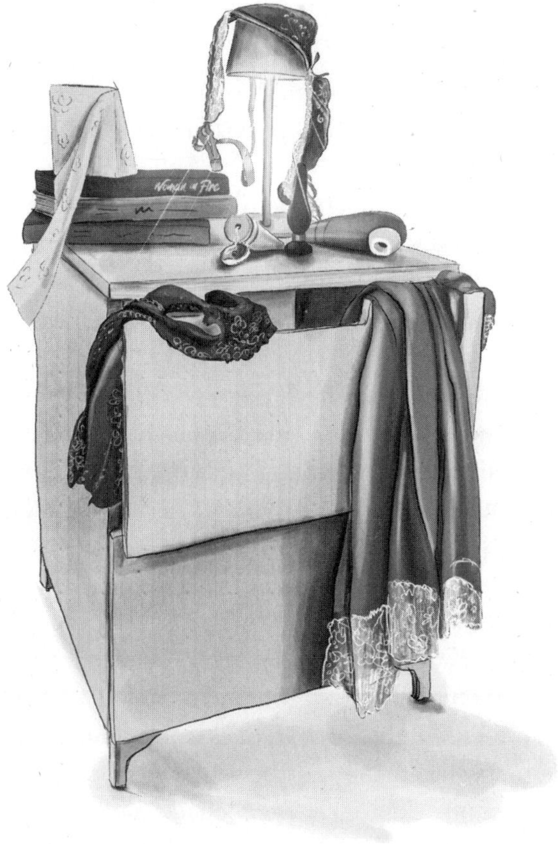

In den Zwanzigern glaubte man, guten Sex zu haben, weil die Genitalien die Grundausbildung hinter sich hatten und nun für guten bis sehr guten Sex sorgten, solange die WG-Mitbewohner nicht zu Hause waren.

Mit Mitte 30 bedeutete guter Sex, dass die Kinder nachts nicht ins Bett kamen oder man fertig werden konnte, bevor der Nachwuchs wach wurde.

Bis Mitte 40 waren die meisten so beschäftigt mit Familie

und Kindern, dass Sex alleine deshalb gut war, weil er überhaupt stattfand.

Ab Mitte 40 fingen dann die meisten an, sich zu fragen: War es das eigentlich? Haben wir die besten Sexjahre schon hinter uns?

Großartige Liebhaber:innen begaben sich ab 45 auf eine Reise auf der Suche nach besserem Sex. Und die meisten berichteten, dass ihre besten Sexjahre erst nach 50 begannen.

Noch mal für die hintere Reihe: **Die besten Sexjahre kommen nach 50!**

Das heißt, wenn du noch nie großartigen Sex erlebt hast, kann das noch kommen. Deine Geschichte ist längst nicht zu Ende erzählt. Ich sage immer, unsere Sexualität wächst wie ein Bonsaibaum. Langsam, unmerklich, aber Stillstand gibt es nicht. Was großartige Liebhaber:innen vielleicht unterscheidet, ist, dass sie nicht resigniert haben. Sie haben Sex priorisiert und sich die Mühe gemacht weiterzusuchen.

Eine Erfahrung, die alle großartigen Liebhaber:innen machen mussten, ist, alles zu entlernen, was sie über Sex zu wissen glaubten. Ähnlich wie Anna es mit Antonio gemacht hat, sollte man alte, schädliche Botschaften und Versionen von sich selbst («Ich bin nicht sexy» oder «Ich bin nicht der Typ Frau, der Sex genießen kann») ad acta legen. Das können Botschaften aus der Kindheit sein, aus der Familie, aus der Gesellschaft, aus dem Kulturkreis, von der Schule, von falschen Freunden oder von der Religionsgemeinschaft. Es scheint kaum an Gelegenheiten zu mangeln, uns Scham einzureden.

Zunächst einmal muss man oft selbst in die Tiefe gehen und forschen, wofür man sich überhaupt schämt und warum. Auch wenn man denkt, man kenne keine Scham – wir erinnern uns: Scham ist wie fettiges Haar oder Zahnstein, jeder hat sie mal. Das kann versteckter sein, als man zunächst glaubt, und muss nicht mal auf den ersten Blick für uns erkennbar sein.

Es kann in der Tat etwas dauern, bis man diese Schädlinge freigelegt hat. Doch es ist ein wichtiger Teil unserer Entwicklung, diese Dinge abzulegen, um vollkommen in uns selbst zu Hause zu sein und um ein kompletter, erwachsener Mensch zu werden. Viele großartige Liebhaber:innen mussten diverse Hindernisse überwinden und hinter sich lassen, eingebettete Glaubenssätze über sich loslassen und innerlich ein neues Kapitel beginnen, um ihre eigene Geschichte zu schreiben, gerade wenn sich das strenge Korsett gesellschaftlicher Vorstellungen nicht mit den eigenen Bedürfnissen deckt.

Es gibt aber in der Forschungsarbeit von Peggy Kleinplatz noch mehr gute Nachrichten: Es scheint so zu sein, dass sexuelle Traumata wie zum Beispiel sexueller Missbrauch als Kind kein unüberwindbares Hindernis darstellen, um irgendwann grandiosen Sex erleben zu können. Man muss noch nicht einmal das Trauma komplett abgearbeitet haben, sondern einen Weg finden, die innere Einstellung dazu zu ändern. Was man selbst über sein Trauma denkt und wie man innerlich mit sich selbst darüber spricht, ist entscheidend. Die Tür zu fabelhaftem Sex ist nicht für immer verschlossen, nur weil du dich im Moment fälschlicherweise als defekt oder sexuell fehlfunktionierend siehst; und fabelhafter Sex kann wiederum der Korrektor und der Heiler sein für deine Traumata.

3. «Großartiger Sex ist wie Baseball.»

Ja, ja, hier sind wieder ein wenig Masters und Johnson mit ihrer klassischen Erregungskurve schuld: Dort entsteht der falsche Eindruck, dass der sexuelle Genuss zu Beginn des Sex gering ist, sich dann steigert und erst mit Penetration richtig gut ist (und vorher nicht war). In den USA kennt jeder Mensch die Baseball-Analogie: Erste Base ist der Zungenkuss, an der zweiten Base ist Brüste befummeln dran, an der dritten wandert eine Hand in die Unterhose, und der Homerun ist penetrativer Sex. Wenn du es als Baseballspieler «nur» bis zur ersten oder zweiten Base schaffst, ist das nicht wirklich rühmlich. Daher musst du stets darauf fixiert sein, zur nächsten Base zu kommen. Das ist das Einzige, was zählt. Das kennen wir aus amerikanischen Filmen und Serien, wenn jemand meist in allerletzter Sekunde auf der vierten Base dramatisch einen Homerun schafft. Erst dann wird man gefeiert, und die Mannschaft trägt einen auf den Armen durch das Stadion.

Du ahnst es bereits, liebe Leserin: Das ist Quatsch. Großartige Liebhaber:innen (und für mich zählst du schon jetzt dazu) halten es eher mit Rosemary Basson und finden: Grandioser Sex ist kein linearer Akt, sondern ein Kreis. Jeder Punkt auf dem Sexkreis ist interessant, überall gibt es andere, reizvolle Dinge zu sehen und zu erleben. Sei es im verlängerten Vorspiel, das bereits mittags beginnt, sei es beim Knutschen auf dem Heimweg nach dem Theaterbesuch, sei es der Moment, in dem man erschöpft nach dem Sex zusammenliegt und mit halb offenem Mund sabbernd in der Armbeuge seines Partners einschläft.

4. «Sex ist zu Beginn einer Beziehung am besten und wird dann immer langweiliger.»

Das ist – ein Glück – ebenfalls falsch. Obwohl die Anfangszeit superaufregend ist und obwohl es während ihr sicherlich sehr guten Sex geben kann, der einen nachhaltig in Erinnerung bleibt, liegen die meisten Schätze tiefer verborgen. Auch wenn es vollkommen normal ist, sind viele von uns heimlich geschockt und traurig, wenn die Anziehungskraft und Harmonie, die zu Beginn da waren, durch Machtkämpfe und Beziehungsprobleme ersetzt werden. Aber diese Konflikte bergen auch die Möglichkeit, aus Abhängigkeitsfantasien («Ich kann ohne ihn nicht sein!») eine echte Partnerschaft auf Augenhöhe zu kreieren, in der Sexualität mehr ist als funktionierende Genitalien und auch mit der gemeinsam erarbeiteten sexuellen Energie zu tun hat.

Viele Befragte, auch aus meinem Patientinnenstamm, berichteten, dass der Sex in einer Langzeitbeziehung mit den Jahren facettenreicher und interessanter wurde. Allerdings geschah das oft erst, als sie nicht mehr bereit waren, mittelmäßigen Sex hinzunehmen. Viele sagten, sie mussten eine Entscheidung treffen und ihre tatsächlichen Wünsche und Grenzen ausloten. Die Alternative wäre gewesen, für den Rest ihres Lebens dazu verdonnert zu sein, von Ängsten und Schamgefühlen fremdbestimmt zu sein. Dazu waren die meisten nicht bereit. Probleme oder Konflikte im Schlafzimmer können bewirken, dass sie, bei beiderseitigem guten Willen, als fruchtbarer Boden dienen, um sich gemeinsam in der Beziehung weiterzuentwickeln, damit sich irgendwann beide nicht mehr als defekte Menschen fühlen, sondern jeder in sich innerhalb der Beziehung vollkommen ist.

Die Langzeitbeziehung bietet außerdem die hervorragende Möglichkeit, sexuell mutig zu sein, Wagnisse einzugehen und das Sexleben auf kreative Art neuen Lebensereignissen anzupassen – gerade, wenn gesundheitliche Einschränkungen dazukommen. Die Gewissheit einer stabilen, vertrauten Beziehung schenkt einem die Freiheit, sich sexuell immer wieder zu erneuern – ob mit einem kaputten Knie, mit einer amputierten Brust oder schlicht mit grauen Schamhaaren. Vielleicht liegt genau dort des Pudels Kern: Der Unterschied zwischen ganz gutem Sex und großartigem Sex könnte sein, dass eine großartige sexuelle Beziehung sich stets weiter verändert und wächst und nicht stagniert. In einer stabilen Beziehung entwickeln wir uns weiter, finden Workarounds bei Problemen oder Krankheiten und legen Wert auf geteilte sexuelle Erlebnisse, so wie sie nur in Langzeitbeziehungen möglich sind. Unser Sexleben ist eben nicht nur ein Hobby, ein Add-on, sondern wesentlicher Bestandteil der Zweisamkeit. Auf spirituueller Ebene ist ein harmonisches sexuelles Verhältnis fast eine dritte Person mit einer eigenen DNA, bestehend aus einer Doppelhelix mit je einem DNA-Strang von jedem Partner.

5. «Sex wird mit dem Alter immer schlechter und verschwindet dann komplett.»

Ha! Mein Lieblingsmythos, denn er ist sensationell falsch. Richtig guter Sex kommt erst mit der Reife, weil damit eine solide innere Erdung und Selbstbewusstsein einhergehen. So, so viele Menschen sind überrascht und erfreut zu erleben, wie ihr Sexleben gerade in fortgeschrittenem Alter immer besser wird. Sie erkennen etwas Fundamentales an grandiosem Sex im Alter: Er ist nicht mehr so leistungsorientiert wie in der Jugend (und man schämt sich nicht in Grund und Boden, wenn etwas mal nicht klappt, als seien es die Bundesjugendspiele des Sex), sondern geht deutlich mehr in die spirituelle Ebene, auf der zwei Seelen sich begegnen. Außerdem kommt ein weiterer Vorteil mit dem Alter: die Selbstverantwortung für die eigenen Entscheidungen und deren Konsequenzen. Ältere Liebhaber:innen sind oft in jeder Hinsicht erwachsen, haben ihr Leben im Griff und sind mit sich im Reinen. Wer ganz bei sich ist und in sich ruht, hat die besten Voraussetzungen, um sich auf die sexuelle Reise zur inneren Landschaft eines anderen Menschen zu begeben. Gleichzeitig hat man als Gast bei anderen auch selbst etwas Lebenserfahrung zu bieten und kommt nicht mit leeren Händen.

In der eingangs erwähnten Patientenumfrage von Jeanne Shaw wurden 65 Paare zwischen 50 und 93 Jahren zu ihrem Sexleben in unterschiedlich langen Beziehungen befragt. Die Spanne reichte von frisch verheirateten 90-Jährigen bis zu Paaren, die seit 60 Jahren zusammen waren. Die sexuellen Erlebnisse wurden als «lieblich» bis «intensiv» beschrieben, und es herrschte eine unerwartet hohe sexuelle Zufriedenheit. Auch wenn die Genitalien nicht mehr wie früher reagieren, haben die Paare oft Alternativen zu penetrativem Sex gefunden: Ein interviewtes Paar, er 94 und sie 87, wurde gefragt, ob sie noch Penis-in-Vagina-Sex haben. Daraufhin sagte die Dame: «Nein, Liebes, ich setze mich auf sein Gesicht.»

«Nein, Liebes,
ich setze mich auf sein Gesicht.»
Antwort einer 87-jährigen Dame
auf die Frage, ob sie noch
konventionellen Sex hat

Überraschend eifrig berichteten gerade die Frauen in der Umfrage von ihrem Sexleben – eine wichtige Message war, dass sie bei großartigem Sex das Gefühl haben, dass ihre Geschlechtsteile nicht gealtert sind; sie fühlten sich an wie früher. Zudem war die sexuelle Energie trotz fortgeschrittenen Alters hoch, sie entdeckten immer wieder etwas Neues, und sie wollten sehr gerne davon erzählen. Das war überhaupt etwas, das erfahrene Liebhaber:innen gemeinsam hatten: Sie waren selbst immer noch Studierende des Sex, auf der Suche nach mehr Erfahrungen und neuen Landschaften, und selbst voller Verwunderung über ihre eigenen Erlebnisse, die sie gerne weitererzählten.

6. «Großartiger Sex ist nur etwas für gesunde, nicht behinderte, schöne Menschen.»

Interessanterweise haben sich in allen Interviews die Beteiligten primär als «gesund und fit» bezeichnet; bei vielen Älteren stellte sich aber im Laufe der Interviews heraus, dass sie Grunderkrankungen hatten, die zum Teil schwer waren, etwa eine Koronare Herzkrankheit, Krebs, Multiple Sklerose oder

Diabetes. Und obwohl diese Krankheiten formal ein Hindernis für normale sexuelle, genitale Funktionen darstellen könnten, wurden sie keineswegs als ein Hindernis für das sexuelle Erlebnis gesehen. Eine positive Grundeinstellung hilft, über vieles hinwegzusehen, und das Interesse an wirklich gutem, lebensbejahendem Sex gibt Antrieb, nach neuen, kreativen Lösungen zu suchen, damit Sex anders erlebt werden kann.

Das Glas als halb voll zu betrachten, scheint eine essenzielle Grundeinstellung von reiferen Menschen zu sein, die grandiosen Sex erleben wollen. Großartige Liebhaber:innen, ob mit Krankheiten, Behinderungen oder einfach nur mit Alterserscheinungen, fühlen sich meistens sehr zu Hause in ihrer Haut und in ihrem Körper, auch dann – vielleicht auch eben deshalb –, wenn sie nicht dem klassischen Schönheitsideal entsprechen.

Diese Menschen haben ein sehr fabelhaftes Sexleben, weil sie gezwungen wurden, Sex und Intimität neu zu definieren. Gerade die Überwindung der Hindernisse scheint einen größeren Hauptgewinn zu enthalten. Je länger die zurückgelegte Strecke, je beschwerlicher der Weg dahin, desto größer die Schatzkiste. Diese Antworten stimmen mich nachdenklich; eventuell sollten wir als Gesellschaft nicht nur neu definieren, was alles Sex ist, sondern auch, für wen Sex alles gedacht ist. Auch Menschen mit angeborenen Fehlbildungen und Syndromen haben ein Anrecht auf erfüllenden Sex; diese können das auch bekommen, wenn sich die Möglichkeit für sie im Leben eröffnet, wenn es ihnen wirklich wichtig ist und wenn sie den richtigen Partner als Katalysator zu besonders gutem Sex finden. So wie bei allen anderen Menschen auch.

7. «Männer sind vom Mars, Frauen von der Venus.»

Das ist ein Bestseller aus den 80ern von John Gray, der eine lange Diskussion entfachte über die grundlegenden Unterschiede zwischen Männern und Frauen und die Vorurteile zementierte, die bis heute in sexueller Hinsicht herrschen: Angeblich wollen Männer grundsätzlich ihre DNA in der Welt verteilen; angeblich ist für Männer jeder stattfindende Sex guter Sex, sie legen keinen Wert auf Vorspiel; angeblich wollen sie nach dem Sex sofort einschlafen. Frauen hingegen erleben angeblich nur guten Sex innerhalb einer vertrauten Langzeitbeziehung, brauchen Romantik und verabscheuen angeblich Casual Sex. Diese Differenzen, so die Theorie, seien die Ursache für die Hauptprobleme im Schlafzimmer, und daher rätselten sowohl Männer als auch Frauen, wie der andere im Bett nun wirklich zufriedengestellt werden könne.

Gott sei Dank ist da deutlich weniger dran, als bisher allgemein angenommen. Innerhalb aller anonymisierten Daten der Studie von Peggy Kleinplatz und Kolleg:innen war es nicht möglich, gerade bei Abfragen von sexuellen Gewohnheiten und Vorlieben, zu erkennen, wer weiblich und wer männlich war. Sowohl Männer als auch Frauen wollten hochwertigen Sex, der tief unter die Haut geht. Sowohl Männer als auch Frauen hatten auch schon schlechten, passablen, guten oder richtig guten Sex mit Fremden. Sowohl Männer als auch Frauen wollten lieber eine Langzeit-Liebesbeziehung, um sich selbst besser sexuell zu erkunden. Auch die Stärke der Lust, die Frequenz der Selbstbefriedigung, die Anzahl der losen sexuellen Kontakte korrelierte nicht zuverlässig mit dem Geschlecht.

Gerade bei den Studien über fabelhafte Liebhaber:innen wurde nach Anonymisierung der Datensätze festgestellt: Es gab weder Unterschiede bei Männern versus Frauen, bei vanilla versus kinky, bei alt versus jung. Ja, und weil es mir so gut gefällt, zum dritten Mal: auch nicht zwischen Lack-und-Leder-Menschen und Vanilla-Rentnern.

Vielmehr kristallisierte sich bei fabelhaften sexuellen Ereignissen heraus, dass die Partner sich nicht nur auf Augenhöhe begegneten, was die sexuelle Energie anbelangte, sondern dass sich die Gender-Frage komplett auflöste. Hier begegneten sich schlicht zwei Menschen, die im magischen Mantel von zauberhaftem Sex eingehüllt wurden.

Wer wird denn nun ein exzellenter Liebhaber bzw. eine exzellente Liebhaberin?

Es gibt verschiedene Diskussionen, wie exzellenter Sex entsteht: Liegt es an dem einzelnen Menschen oder an der Qualität der Beziehung? Ist besonders viel Nähe wichtig, oder brauchen die Partner mehr Abstand voneinander?

Es gibt die Theorie der Differenzierung von David Schnarch, die besagt, man müsse ein solides Fundament in sich selbst tragen, um Konflikte in einer Beziehung auszuhalten und um seine eigene Meinung und Wünsche in der Beziehung und auch beim Sex zu vertreten. Esther Perel geht einen Schritt weiter und plädiert für mehr Abstand in der Beziehung, um das Feuer weiter lodern zu lassen. Viel häusliche Nähe, sagt sie, sei der Tod jeglicher Erotik.

Die Bindungstheorie hingegen besagt, man brauche einen sicheren Hafen in der Beziehung.[60] Es sei genau diese sichere Verbindung und die emotionale Geborgenheit, die ein Fallenlassen während des Sex und damit die Verschmelzung zweier Seelen ermögliche.

Du und ich, wir ahnen es schon, stimmt's? Es ist eine Mischung aus allen Zutaten, und zwar individuell zugeschnitten auf jeden Menschen und jedes Paar.

Manchmal ist es die Qualität der Beziehung, die das Beste und Gesündeste in einem oder in beiden Partnern hervorbringt; der Puls der Beziehung oder die sogenannte Baseline, die wir in Kapitel 7 kennengelernt haben, drückt sich in allen Bereichen aus, auch beim Sex. Die Baseline bestimmt wie das Wetter, ob ein Unternehmen leicht wird oder nicht, das Picknick easy oder kalt und windig, der Sex fließend oder mühselig.

Manchmal reichen die Courage, Empathie und Präsenz einer Person aus, um den anderen sowohl in der Beziehung als auch beim Sex aus der Reserve zu locken. Viele berichten von einem Menschen, der wie ein Katalysator funktioniert hat auf dem Weg zu ihrem inneren Kern. Sex mit dem richtigen Liebhaber wird zur Offenbarung, die viele innere Schätze zutage fördert. So betrachtet sind die Erlebnisse mit exzellenten Liebhaber:innen infektiös, und der Partner oder die Partnerin wird fiebrig angesteckt. Grandioser Sex als beste sexuell übertragbare Krankheit, die man sich vorstellen kann.

Grandioser Sex ist die beste sexuell ansteckende Krankheit, die es gibt.

Diese Menschen, wenn sie einmal Sex so erlebt haben, wie er für sie sein soll, wollen nie wieder zurück. Der Sex wird zur Priorität – das wird gerade bei Menschen jenseits der 50 noch offensichtlicher: Sie weigern sich, beim sexuellen Erlebnis Kompromisse zu machen. Sie kämpfen für Sex, der es wert sein muss. Sie suchen sich entsprechend Partner, mit denen Sex des gesuchten Kalibers möglich ist. Wenn sie den einmal haben, wird er sorgsam gepflegt. Fabelhafte Liebhaber:innen zeichnet eine bewusste Intention aus, dem gemeinsamen Sexleben eine hohe bis sehr hohe Priorität zu geben. Hinzu kommen eine starke Empathie und der Willen, die Beziehung als sehr wichtig – sogar als heilig – zu behandeln.

Das Ganze braucht natürlich Zeit und Ressourcen. Wenn die Kinder schreien, es kein Geld für einen Babysitter oder ein Hotelzimmer gibt, wenn die Miete nicht bezahlt werden kann oder man aus anderen Gründen den Belastungen des Alltags zu sehr ausgesetzt ist, ist es unrealistisch, Sex stets zu priorisieren. Das ist vermutlich einer der Gründe, warum es ausgerechnet ältere Menschen sind, die grandiosen Sex erleben: Sie haben schlicht mehr Zeit als mit Mitte 30, sie wissen durch Trial and Error, was sie wollen, und betrachten ihre eigene Zeit auf dieser Erde als zu kostbar, um sie mit mittelmäßigem oder gar schlechtem Sex zu verbringen. Gerade in längeren, glücklichen Ehen, wenn der Teil des Lebens, der vor einem liegt, kürzer sein wird als der Teil, der hinter einem liegt, muss eine gewisse Intensität in der sexuellen Begegnung liegen. Wenn man es schafft, bei sich zu bleiben, sexuell verwirklicht und gereift, wenn es einem gelingt, sich mental, emotional und ja, vielleicht auch spirituell mit einem anderen Menschen zu verbinden – wie großartig muss das dann sein, sich auch noch körperlich zu verbinden, den Menschen zu schätzen und zu lieben, gerade mit der Gewissheit, dass eines Tages der andere nicht mehr da sein wird.

Das muss eine Lektion sein für uns alle: Wenn wir dauerhaft wenig bis keine Lust auf Sex haben, sind wir vermutlich entgegen der landläufigen Meinung nicht defekt, sondern haben ein gesund funktionierendes Warnsystem. Die sexuelle Seele – da ist sie wieder – will uns in eine andere Richtung führen, sie vermisst etwas, das tief in dir begraben liegt, eine vergessene Erinnerung, die aber so wichtig ist und ein Teil deines Selbst. Wir haben alle eine Erfahrung gemacht, die unser bestes sexuelles Erlebnis war, auch wenn wir sie nicht so bezeichnen würden. (Ach, und wenn du zu denjenigen zählst, die sich als «nie so sexbesessen» bezeichnen – mit dir rede ich ganz besonders.) Das ist oft eine Erinnerung, die bis in die Pubertät zurückreicht und die du vielleicht nicht mal mit Genitalien in Verbindung bringen würdest. Vielleicht war es damals beim Knutschen in seinem oder ihrem Zimmer, als sich keiner getraut hat, den nächsten Schritt zu gehen, unterbrochen nur durch den Plattenspieler, weil die Schallplatte umgedreht werden musste. Oder der zauberhafte Moment beim Stadtfest, als er deine Hand wortlos genommen hat und du für einen Moment keine Luft bekommen hast.

Genau da liegt die Magie, die du suchst. Diese Erinnerungen sind legitim. Sie sind der Schlüssel zu dem Sex, der es für dich wert ist. In deinen Gefühlen von damals steckt eine Wahrheit, deine Wahrheit. Die will wieder ans Steuer gelassen und mit einem Liebhaber oder einer Liebhaberin geteilt werden, einer Person, mit der du dich sexuell lebendig fühlst. Guter Sex ist mehr als eine Option, er steht allen Menschen zu, die bereit sind, den Weg zu gehen. Ja, er ist mehrdimensional, benötigt Zeit, Planung und Mühen, dafür ist der Hauptpreis größer als die Summe zweier Personen, die ihre Genitalien zusammenstecken: Man erschafft eine neue Innigkeit, eine lebendige Wahrhaftigkeit, die einen selbst und den Partner zu unfassbarem Glück führen kann. Die Sterne können wir alle vom Himmel holen, zu uns, in unsere Du-und-ich-Welt, um die Geheimnisse des Lebens für uns immer wieder neu zu erleuchten.

Sexuelle Erfüllung
Vervollständigung der persönlichen Entwicklung
Körperliche Gesundheit
Integrität der Hormone
Anatomie
Physiologie
Sextheorie

Nachwort

Ich freute mich sehr auf die Party am Abend. Die Praxis hatte 18-jährigen Geburtstag, und obwohl es kein rundes Jubiläum war – was soll's –, wir wollten es feiern. Die Praxis befindet sich in einem Bürogebäude, wo wir am Wochenende keinen stören. Ich hatte eine Playlist erstellt, meine Tochter und ihre Freundinnen als DJanes angeheuert und eine offene Einladung an Freunde und Patientinnen ausgesprochen. Wir hatten ein Catering organisiert und Sekt und viele, viele Gläser – keine Ahnung, wie viele Menschen wirklich kommen würden.

Wir feiern gerne, meine Praxisassistentinnen und ich. Gemeinsam machten wir uns in der Praxis fertig. Ich trug zu meinem kleinen Schwarzen rote High Heels und war gespannt, wie der Abend sich entfalten würde.

Zwischen 19 und 20 Uhr trudelten die ersten Gäste ein. Die Tür ging auf und zu, jedes Mal wieder eine große Freude, dass alle rausgegangen waren, um mit uns zu feiern. Alle bekamen einen Drink in die Hand, und die Party entwickelte sich wie damals zu WG-Zeiten in der großen Wohnküche der Praxis, wo das Essen und auch die Musik war.

Die Tür ging wieder auf, und – Überraschung! – Frau Schmid, also Ingrid, kam rein. Vielleicht erinnerst du dich – sie hatte damals ihren Mann, Michael, an Krebs verloren und durch HRT ihre Vagina zurückbekommen. Nun war sie in Begleitung eines sehr attraktiven Mannes namens Jon. Sie stellte ihn mir vor, und ich schüttelte seine Hand. Er hatte sehr intensive, braune Augen, hinter denen man eine gewisse Tiefe erahnen konnte. Ich freute mich unendlich für sie. Später am Abend erzählte sie mir kurz ihre Geschichte: Sie hatte Jon bei einem Retreat auf Bali kennengelernt. Er war halb Jamaikaner und hatte ebenfalls einen großen Verlust erlebt: Als junger Mann hatte er 2004 seine schwangere Partnerin auf Khao Lak im Tsunami verloren. Fürchterlich.

Was als Freundschaft zwischen den beiden begonnen hatte, entwickelte sich unerwartet schnell zu Liebe. Etwas in ihrer Seele hat etwas in seiner Seele wiedererkannt, als wären sie schon in einem anderen Leben Freunde oder vielleicht auch mehr gewesen. Jetzt waren sie dabei, sich gegenseitig zu heilen.

Meine liebe alte Patientin Mrs. Caine kam ebenfalls und drückte mir eine Flasche Jägermeister mit den Worten in die Hand: «Damit ihr jungen Leute auch was Ordentliches zum Feiern habt!»

Kurz darauf erschienen Carla und Viktor und instruierten gleich meine Tochter, lateinamerikanische Musik zu spielen. Auf einmal fingen alle an zu tanzen. Dann kamen Anna und Antonio hinzu und heizten die Stimmung weiter auf. Als schließlich Marcello und Sandra hinzukamen, explodierte die Tanzfläche so richtig. Die Paare lieferten sich förmlich einen Wettstreit, welches am sexyesten tanzen konnte. Als ich dachte, ich hätte schon alles gesehen, kam die alte Mrs. Caine hinzu und tanzte alleine in der Mitte der Paare, die Hände in die Luft gestreckt. Die freche junge Frau, die damals auf dem Foto verliebt neben ihrem US-Offizier-Ehemann gelächelt hatte, blitzte in ihren Augen immer noch hervor.

«Wir haben keine Gläser mehr!», rief mir meine engste Mitarbeiterin ins Ohr. Wir gingen kurz an die Schränke, um unser Hausarsenal an zusammengewürfelten Tellern, Tassen und Gläsern zu durchforsten, die über die Jahre zusammengekommen sind. Die Musik dröhnte, es war warm. Ich öffnete das Fenster in der Küche, während meine Assistentin neben mir durch den Hängeschrank kramte, um an die Gläser zu kommen. Sie drückte mir einen Teller in die Hand. «Den Teller hat mir meine Ex-Schwiegermutter geschenkt!», rief sie mir ins Ohr. O Gott, stimmt, sie war ja mal mit einer fürchterlichen Familie verheiratet gewesen. Ich wusste instinktiv, was zu tun war, und warf den Teller aus dem Fenster. Er zerschellte im Hinterhof. Meine Assistentin schrie vor Lachen. Sie reichte mir einen anderen Teller. «Der Teller deiner Ex-Schwägerin.» Ich warf auch ihn hinaus. Einfach so. Unten beschwerte sich der Dönerbesitzer, der gerade im Hinterhof seines Ladens eine Zigarette rauchte. Ich hatte ihn in der Dunkelheit nicht gesehen. Egal. Ich entschuldigte mich kurz und schloss schnell wieder das Fenster. Es war ein Abend der Befreiung und der Freiheit. Herrlich.

Ich betrachtete meine Gäste und erkannte: Sie alle hatten irgendwann ihre alten Teller aus dem Fenster geworfen und für sich definiert, wohin die Reise gehen sollte. Schließlich war das Leben zu kurz für belastendes Geschirr aus der Vergangenheit.

Die Party zog sich bis spät in die Nacht, und als die letzten Gäste gegangen waren, machten meine Assistentin und ich noch den Abwasch.

«Schau mal, ich glaube, da will jemand nach Hause», sagte meine Assistentin. In der Küchentür stand der schönste, beste Ehemann der Welt, das weiße Hemd ein paar Knöpfe geöffnet, die Krawatte gelockert. Er schaute mich liebevoll-erschöpft an. Diesen Blick kenne ich seit dem schicksalhaften Abend 1990, als wir uns auf einer Party kennenlernten und er mich am frühen Morgen nach Hause brachte. «Geht heim», sagte meine Assistentin und stupste mich kurz lächelnd an. «Ich mache das hier schon.»

Draußen ging die Sonne gerade auf. Es versprach wieder

ein schöner Frühlingstag zu werden. Die ersten Frühaufsteher würden ein älteres Paar sehen, das innig umschlungen die Straße runterlief. Sie hatte ein paar rote High Heels in der Hand, um ihre Schulter war ein Sakko gelegt. Würden sie heute Abend noch Sex haben? Vielleicht. Vielleicht würden sie aber auch erschöpft nebeneinander einschlafen, ohne viele Worte, mit der Gewissheit, in dem anderen ein Zuhause gefunden zu haben. So, wie es Liebende seit Anbeginn der Zeit schon immer taten und weiter tun werden, solange die Erde sich dreht.

Dank

Mein aufrichtiger, tief empfundener Dank gilt zuallererst meinen Patientinnen: Ich habe von Anfang an das Privileg gehabt, eure Geschichten zu hören, mit euch zu lachen und manchmal auch mit euch zu weinen. Selbst die erfahrenste Ärztin weiß: Man lernt am meisten und immer wieder dazu, wenn man selbst den Mund hält und zuhört. Dieses Buch ist nicht nur eine Hommage an eure Geschichten und Geheimnisse, dieses Buch wäre ohne eure Inspiration nicht in die Welt gekommen. Ich verbeuge mich vor eurer Courage und Resilienz, immer wieder aufzustehen und dem Leben eine Chance zu geben. Denn das Universum hat ein Auge auf uns alle – gerade in schweren Tagen – und immer noch ein paar Asse im Ärmel, um gute Zeiten wiederkehren zu lassen.

Als Nächstes danke ich der großartigen Sabine Pfannenstiel, meiner Agentin, und allen Kolleg:innen in London und in den internationalen Büros von Andrew Nurnberg für ihren außergewöhnlichen Einsatz – zusammen erreichen wir Menschen auf der ganzen Welt und machen ihr Leben besser. Das ist Teamwork der wichtigsten Sorte.

Julia Suchorski, meiner wunderbaren Lektorin vom Rowohlt Verlag, gehört mein besonderer Dank, gerade für die Flexibilität rund um meinen manchmal verrückten Terminkalender. Wir sind schon ein gut eingespieltes Team, wir zwei!

Was für eine glückliche Entdeckung ist Dani Becker als Illustratorin! Deine Kunst hat mein Wissen nicht nur sichtbar gemacht, sondern ihm auch Leben eingehaucht.

Im Hintergrund gibt es eine ganze Armee von Frauen, die mir den Rücken frei gehalten haben, dazu zählen die Kolleginnen der Hormone Online Clinic: Christina, Titia, Claudia, Julia, Lori (Barbie =)), Anna, Dani und Kristina. Aus vielen Kolleginnen sind Gefährtinnen und auch Freundinnen geworden. Ich danke euch von Herzen.

Nicht zu vergessen Maria, meine ständige Begleiterin durch dick und dünn, auch bekannt unter den Namen Wilson, Magic-Maria, Aussie. Wir werden uns in jedem Leben immer wieder finden, glaube ich.

Manche Menschen brechen unter Belastung, andere wachsen umso mehr, ähnlich wie diese Handtücher, die sich erst unter laufendem Wasser ausbreiten – mein besonderer Dank gilt Bella, der besten Assistentin, die man sich nur wünschen kann. Danke für deine Unterstützung, für deine Freundschaft und für dein stetes Auge auf mein Leben.

Last, but not least, danke ich dem Freund, der seit 1990 über mich wacht, lange aus der Ferne und seit 2020 von ganz nah. I'm so glad it was you, always you. This last song quote is for us:

You do something to me that I can't explain –
hold me closer and I feel no pain.

«ISLANDS IN THE STREAM»,
KENNY ROGERS UND DOLLY PARTON

Anmerkungen

Teil 1:
You Can't Start a Fire Without a Spark

1 Stacy Tessler Lindau, Natalia Gavrilova, «Sex, health, and years of sexually active life gained due to good health: evidence from two US population based cross sectional surveys of ageing», *The BMJ*, 10. März 2010.

2 Gali Cohen, Daniel Nevo, Tal Hasin, Yael Benyamini, Uri Goldbourt, Yariv Gerber, «Resumption of sexual activity after acute myocardial infarction and long-term survival», *European Journal of Preventive Cardiology*, Volume 29, Issue 2, Januar 2022, Seite 304–311.

3 George Davey Smith, Stephen Frankel, John Yarnell, «Sex and death: are they related? Findings from the Caerphilly cohort study», *The BMJ*, Dezember 1997, Seite 1641–1644.

4 N. E. Boyacıoğlu, F. Oflaz, A. Y. Karaahmet, B. K. Hodaeı, Y. Afşin, S. E. Taşabat, «Sexuality, quality of life and psychological well-being in older adults: A correlational study», *European Journal of Obstetrics & Gynecology and Reproductive Biology*, 12. Januar 2023.

5 H. Wright, R. A. Jenks, «Sex on the brain! Associations between sexual activity and cognitive function in older age», *Age and Ageing*, März 2016.

6 Mark S. Allen, «Biomarkers of Inflammation Mediate an Association Between Sexual Activity and Quality of Life in Older Adulthood», *The Journal of Sexual Medicine*, Volume 14, Issue 5, Mai 2017, Seite 654–658.

7 D. Davalos, K. Akassoglou, «Fibrinogen as a key regulator of inflammation in disease», *Seminars in Immunopathology*, 31. Oktober 2011.

8 J. Robards, M. Evandrou, J. Falkingham, A. Vlachantoni, «Marital status, health and mortality», *Maturitas*, Dezember 2012, Seite 295–299.

9 Y. Ben-Shlomo, G. D. Smith, M. Shipley, M. G. Marmot, «Magnitude and causes of mortality differences between married and unmarried men», *Journal of Epidemiology and Community Health*, Juni 1993, Seite 200–205.

10 William Howell Masters, Virginia Johnson, *On Sex and Human Loving*, New York 1988, Seite 65.

11 J. Shaw, «Aging and Sexual Potential», *Journal of Sex Education and Therapy*, 1994, Seite 134–139.

12 N. Beckman, M. Waern, D. Gustafson, I. Skoog, «Secular trends in self reported sexual activity and satisfaction in Swedish 70 year olds: cross sectional survey of four populations, 1971–2001», *The BMJ*, 2008.

13 Rosemary Basson, «The Female Sexual Response: A Different Model», *Journal of Sex & Marital Therapy*, Januar–März 2000, Seite 51–65.

14 A. Shafik, «Vaginocavernosus reflex. Clinical significance and role in sexual act», *Gynecologic and Obstetric Investigation*, 1993, Seite 114–117.

15 M. Kantner, A. Saleh, «On the nerve supply to the external female genitalia with a contribution to kraurosis vulvae», *Zeitschrift für Anatomie und Entwicklungsgeschichte*, 1963, Seite 523–537.

16 L. Jaspers, F. Feys, W. M. Bramer, O. H. Franco, P. Leusink, E. T. Laan, «Efficacy and Safety of Flibanserin for the Treatment of Hypoactive Sexual Desire Disorder in Women: A Systematic Review and Meta-analysis», *JAMA Internal Medicine*, April 2016, Seite 453–462.

17 J. A. Simon, S. A. Kingsberg, D. Portman, L. A. Williams, J. Krop, R. Jordan, J. Lucas, A. H. Clayton, «Long-Term Safety and Efficacy of

Bremelanotide for Hypoactive Sexual Desire Disorder», *Obstetrics & Gynecology*, November 2019, Seite 909–917.

18 Anders Ågmo, «Androgen receptors and sociosexual behaviors in mammals: The limits of generalization», *Neuroscience & Biobehavioral Reviews*, Volume 157, 2024.

19 Evan T. Saitta, Holly Latta, Jakob Vinther, Thomas Gnoske, Thomas G. Kaye, Richard A. Brooker, Ian D. Bull, Paul C. Sereno, «Sexing Dinosaurs: Possible detection of trace sex hormones in fossils as old as the Jurassic and the thermal stability of estrogen», *Conference: Society of Vertebrate Paleontology*, Oktober 2023.

20 R. V. Weiss, A. Hohl, A. Athayde, D. Pardini, L. Gomes, M. Oliveira, R. Meirelles, R. Clapauch, P. M. Spritzer, «Testosterone therapy for women with low sexual desire: a position statement from the Brazilian Society of Endocrinology and Metabolism», *Archives of Endocrinology and Metabolism*, 18. Juli 2019, Seite 190–198; L. Ribera Torres, S. Anglès-Acedo, L. López Chardi, E. Mension Coll, C. Castelo-Branco, «Systemic testosterone for the treatment of female sexual interest and arousal disorder (FSIAD) in the postmenopause», *Gynecological Endocrinology*, Dezember 2024; Rakibul M. Islam et al., «Safety and efficacy of testosterone for women: a systematic review and meta-analysis of randomised controlled trial data», *The Lancet Diabetes & Endocrinology*, Volume 7, Issue 10, Seite 754–766.

21 J. Bertin, A. Y. Dury, J. Ouellet, G. Pelletier, F. Labrie, «Localization of the androgen-synthesizing enzymes, androgen receptor, and sex steroids in the vagina: possible implications for the treatment of postmenopausal sexual dysfunction», *The Journal of Sexual Medicine*, August 2014, Seite 1949–1961.

22 Susan R. Davis et al., «Testosterone in women – the clinical significance», *The Lancet Diabetes & Endocrinology*, Volume 3, Issue 12, Seite 980–992.

Teil 2:

A Total Eclipse of the Parts – Medizinische Probleme und wie man sie lösen kann

23 Guy T'Sjoen, Jon Arcelus, Louis Gooren, Daniel T. Klink, Vin Tangpricha, «Endocrinology of Transgender Medicine», *Endocrine Reviews*, Volume 40, Februar 2019, Seite 97–117.

24 R. N. Mwamba, A. Ekwonu, P. V. B. Guimaraes, O. A. Raheem, «The efficacy, safety, and outcomes of testosterone use among transgender men patients: a review of the literature», *Neurourology & Urodynamics*, 2023, Seite 921–930.

25 R. D. Langer, «The Evidence Base for HRT: What can we believe?», *Climacteric*, April 2017, Seite 302–310; Avrum Z. Bluming, Carol Tavris, *Estrogen Matters: Why Taking Hormones in Menopause Can Improve Women's Well-Being and Lengthen Their Lives – Without Raising the Risk of Breast Cancer*, New York 2018.

26 J. E. Rossouw, «Estrogens for Prevention of Coronary Heart Disease: Putting the Brakes on the Bandwagon», *Circulation*, Dezember 1996, Seite 2982–2985.

27 Avrum Z. Bluming, Carol Tavris, *Estrogen Matters: Why Taking Hormones in Menopause Can Improve Women's Well-Being and Lengthen Their Lives – Without Raising the Risk of Breast Cancer*, New York 2018, Seite 41.

28 Marty Makary, *Blind Spots*, London 2025, Seite 21.

29 Seo H. Baik, Fitsum Baye, Clement J. McDonald, «Use of menopausal hormone therapy beyond age 65 years and its effects on women's health outcomes by types, routes, and doses», *Menopause*, Mai 2024, Seite 363–371.

30 J. Kim et al., «Estrogens and breast cancer», *Annals of Oncology*, Volume 36, Seite 134–148.

31 Y. Zhao, Q. Wang, C. Fu, M. Li, W. Hao, X. Wang, Q. Song, D. Zhu, «Sex Hormones and Risk of Incident Dementia in Men and Postmenopausal Women», *Clinical Endocrinology*, Mai 2025.

32 H. Zhang, K. Ma, R.-M. Li et al., «Association between testosterone levels and bone mineral density in females aged 40–60 years from NHANES 2011–2016», *Scientific Reports*, 12, 2022.

33 James A. Simon, «What if the Women's Health Initiative had used transdermal estradiol and oral progesterone instead?», *Menopause*, Juli 2014, Seite 769–783.

34 P. M. Sarrel, V. Y. Njike, V. Vinante, D. L. Katz, «The mortality toll of estrogen avoidance: an analysis of excess deaths among hysterectomized women aged 50 to 59 years», *American Journal of Public Health*, September 2013, Seite 1583–1588.

35 Deutsche Gesellschaft für Gynäkologie und Geburtshilfe: Leitlinie Peri- und Postmenopause – Diagnostik und Interventionen, Stand Januar 2020 – inkl. Addendum (September 2020), Version 1.1, Seite 97, Abschnitt 6, Punkt 6.1.4: HRT nach Mammakarzinom.

36 Olivia Mitchel, Paul Hsu, Jennifer Erdrich, «Use of local estrogen therapy among breast cancer patients», *Journal of Clinical Oncology*, Volume 43, Number 16.

37 D. J. Portman, M. L. S. Gass, «Genitourinary syndrome of menopause: New terminology for vulvovaginal atrophy from the International Society for the Study of Women's Sexual Health and The North American Menopause Society», *Menopause*, Oktober 2014, Seite 1063–1068.

38 C. G. Houston, W. S. Azar, S. S. Huang, R. Rubin, C. S. Dorris, R. D. Sussman, «A Cost Savings Analysis of Topical Estrogen Therapy in Urinary Tract Infection Prevention Among Postmenopausal Women», *Urology Practice*, März 2024, Seite 257–266.

39 S. M. Neill, F. M. Tatnall, N. H. Cox, «Guidelines for the management of lichen sclerosus», *British Journal of Dermatology*, Oktober 2002, Seite 640–649.

40 E. Musbahi, E. Kamp, M. Ashraf, C. DeGiovanni, «Menopause, skin and common dermatosis, Part 3: genital disorders», *Clinical and Experimental Dermatology*, Dezember 2022, Seite 2123–2129.

41 T. Mulligan, M. F. Frick, Q. C. Zuraw, A. Stemhagen, C. McWhirter, «Prevalence of hypogonadism in males aged at least 45 years: the HIM study», *International Journal of Clinical Practice*, Juli 2006, Seite 762–769.

42 J. Bain, «Testosterone and the aging male: to treat or not to treat?», *Maturitas*, Mai 2010, Seite 16–22.

43 K. T. Khaw, M. Dowsett, E. Folkerd, S. Bingham, N. Wareham, R. Luben, A. Welch, N. Day, «Endogenous testosterone and mortality due to all causes, cardiovascular disease, and cancer in men: European prospective investigation into cancer in Norfolk (EPIC-Norfolk) Prospective Population Study», *Circulation*, Dezember 2007, Seite 2694–2701.

44 R. Leni, F. Belladelli, S. Baldini, F. I. Scroppo, E. Zaffuto, G. Antonini, F. Montorsi, A. Salonia, G. Carcano, P. Capogrosso, F. Dehò, «The Complex Interplay between Serum Testosterone and the Clinical Course of Coronavirus Disease 19 Pandemic: A Systematic Review of Clinical and Preclinical Evidence», *The World Journal of Men's Health*, Januar 2023, Seite 466–481.

45 David Handelsman, «The Illusory Case for Treatment of an Invented Disease», *Frontiers in Endocrinology*, Januar 2022.

46 A. Morgentaler, A. Traish, R. S. Barua, P. Dandona, S. Dhindsa, M. Khera, F. Saad, «Recognizing the True Value of Testosterone Therapy in Health Care», *Androgens: Clinical Research and Therapeutics*, Dezember 2022, Seite 217–223.

47 R. Vigen, C. I. O'Donnell, A. E. Barón, G. K. Grunwald, T. M. Maddox, S. M. Bradley, A. Barqawi, G. Woning, M. E. Wierman, M. E. Plomondon, J. S. Rumsfeld, P. M. Ho, «Association of testosterone therapy with mortality, myocardial infarction, and stroke in men with low testosterone levels», *JAMA*, November 2013, Seite 1829–1836.

48 A. M. Lincoff, S. Bhasin, P. Flevaris, L. M. Mitchell, S. Basaria, W. E. Boden, G. R. Cunningham, C. B. Granger, M. Khera, I. M. Thompson, Q. Wang, K. Wolski, D. Davey, V. Kalahasti, N. Khan, M. G. Miller, M. C. Snabes, A. Chan, E. Dubcenco, X. Li, T. Yi, B. Huang, K. M. Pencina, T. G. Travison, S. E. Nissen, «Cardiovascular Safety of Testosterone-Replacement Therapy», *The New England Journal of Medicine*, Juni 2023, Seite 107–117.

49 F. Montorsi, A. Briganti, A. Salonia, P. Rigatti, A. Margonato, A. Macchi, S. Galli, P. M. Ravagnani, P. Montorsi, «Erectile dysfunction prevalence, time of onset and association with risk factors in 300 consecutive patients with acute chest pain and angiographically documented coronary artery disease», *European Urology*, September 2003, Seite 360–364.

50 M. Baumhäkel, M. Böhm, «Erectile dysfunction correlates with left ventricular function and precedes cardiovascular events in cardiovascular high-risk patients», *International Journal of Clinical Practice*, 2007, Band 61, Seite 361–366.

51 Allen Seftel, Peter Sun, Ralph Swindle, «The prevalence of hypertension, hyperlipidemia, diabetes mellitus and depression in men with erectile dysfunction», *The Journal of Urology*, Juni 2004, Seite 2341–2345.

52 A. A. Kamalov, Y. A. Orlova, M. E. Chalyi, D. A. Okhobotov, A. A. Strigunov, O. Y. Nesterova, E. A. Makeeva, «Parameters of nocturnal penile tumescence monitoring as potential predictors of the coronary heart disease», *Urologiia*, September 2024, Seite 16–21.

53 Es gibt keine Empfehlung meinerseits speziell für Cialis. Viagra und Cialis sind meines Wissens gleichwertig. Welches Präparat man nimmt – Viagra oder Cialis –, sollte der Urologe gemeinsam mit dem Patienten entscheiden.

Teil 3: *Sexual Healing*

54 Avodah K. Offit, *The Sexual Self*, Lanham, Maryland 1995.

55 Stephen Snyder, *Love Worth Making*, New York 2018.

56 John Gottman, Nan Silver, *Seven Principles for Making Marriage Work*, New York 2000.

57 Jeanne Shaw, «Aging and Sexual Potential», *Journal of Sex Education and Therapy*, 1994, Seite 134–139.
58 J. DeLamater, «Sexual Expression in Later Life: A Review and Synthesis», *The Journal of Sex Research*, 2012, Seite 125–141; Merryn Gott, Sharron Hinchliff, «How important is sex in later life? The views of older people», *Social Science & Medicine*, Volume 56, Issue 8, 2003, Seite 1617–1628; R. E. Matthias, J. E. Lubben, K. A. Atchison, S. O. Schweitzer, «Sexual activity and satisfaction among very old adults: results from a community-dwelling Medicare population survey», *Gerontologist*, Februar 1997, Seite 6–14.
59 L. Weiner, C. Avery-Clark, *Sensate Focus in Sex Therapy*, London 2017.
60 John Bowlby, *Attachment and Loss, Volume 1: Attachment*, London 1969.